...ISME AGRICOLE

...L'USAGE DES ÉCOLES RURALES

Par MICHEL GREFF

ANCIEN INSPECTEUR GRATUIT DES ÉCOLES PRIMAIRES

OUVRAGE

Approuvé par le Comice agricole de Metz,
...dopté et recommandé par le Comité supérieur d'instruction
primaire de l'arrondissement, honoré
d'une Médaille d'argent par l'Académie nationale de Metz,
et du suffrage de la Société pour l'instruction
élémentaire de Paris, etc.

Sans Dieu, rien ne saurait prospérer.
(OLIVIER DE SERRES.)

Tout prospère dans un état où fleurit l'agriculture.
(SULLY.)

La meilleure agriculture est celle qui rapporte le plus.
(TRAVANET.)

3e *ÉDITION.*

PARIS

LANGLOIS et LECLERCQ, Libraires, rue de la Harpe, 81.

METZ

...rie de M. ALCAN, rue de la Cathédrale, 1.

CATÉCHISME AGRICOLE

À L'USAGE DES ÉCOLES [illegible]

Par MICHEL GREFF

ANCIEN INSPECTEUR [illegible] DES ÉCOLES PRIMAIRES

OUVRAGE

Approuvé par le Comité central de Metz,
Adopté et recommandé par le Comité supérieur [illegible]
primaire de l'arrondissement de [illegible]
Une Médaille d'argent par l'Académie [illegible] de Metz,
et du suffrage de la Société pour l'instruction
élémentaire de Paris, etc.

[illegible]

7e ÉDITION.

PARIS

LANGLOIS et LECLERCQ, Libraires, rue de la Harpe, 81.

METZ

A la Librairie de M. ALCAN, rue de la Cathédrale, 1.

CATÉCHISME AGRICOLE

A L'USAGE DES ÉCOLES RURALES

Par MICHEL GREFF

ANCIEN INSPECTEUR GRATUIT DES ÉCOLES PRIMAIRES

OUVRAGE

Approuvé par le Comice agricole de Metz, adopté et recommandé par le Comité supérieur d'instruction primaire de l'arrondissement, honoré d'une Médaille d'argent par l'Académie nationale de Metz, et du suffrage de la Société pour l'instruction élémentaire de Paris, etc.

Sans Dieu, rien ne saurait prospérer.
(OLIVIER DE SERRES.)

Tout prospère dans un état où fleurit l'agriculture.
(SULLY.)

La meilleure agriculture est celle qui rapporte le plus.
(TRAVANET.)

5e ÉDITION.

METZ

M. ALCAN, Libraire-Éditeur, au Palais-Français.

NANCY

GRIMBLOT et RAYBOIS, Libraires.

PARIS

BORRANI et DROZ, rue des Saints-Pères, 7. | DUCROCQ, rue Hautefeuille, 10.

[illegible]

A

P.-M.-EMMANUEL-ALEXIS GREFF,

MON FILS.

Metz, novembre 1847.

L'AUTEUR.

Tout exemplaire non revêtu de la signature de l'Auteur, sera réputé contrefait, et poursuivi conformément aux lois.

Metz. — Imp. de J.-P. Toussaint, place d'Austerlitz, 28.

CATÉCHISME AGRICOLE.

NOTIONS PRÉLIMINAIRES.

PREMIÈRE LEÇON.

Définition de l'Agriculture.....

D. Qu'est-ce que l'Agriculture?

R. L'agriculture est l'art de cultiver les *champs*, de manière à leur faire produire, *avec bénéfice*, des substances *nécessaires* à la société.

D. Il ne suffit donc pas de cultiver les champs d'une manière quelconque pour qu'il y ait de l'art?

R. Non; l'art de la culture consiste à retirer de la terre beaucoup de produits aux moindres frais, c'est-à-dire avec le plus de profit possible.

D. Pourquoi dites-vous que l'agriculture est l'art de cultiver les *champs?*

R. Je dis que l'agriculture est l'art de cultiver les champs pour la distinguer de l'horticulture ou de l'art de cultiver les jardins, de la sylviculture ou de l'art de cultiver les forêts, et de la viticulture ou de l'art de cultiver la vigne.

D. N'y a-t-il rien de commun entre ces différentes manières de cultiver la terre?

R. Les principes généraux de l'agriculture leur sont applicables.

DEUXIÈME LEÇON.

Suite de la précédente.

D. Qu'est-ce qu'un *agronome?*

R. Un agronome est celui qui possède la manière ou théorie de bien cultiver la terre sans pratiquer l'agriculture.

D. A qui donnez-vous le nom d'*agriculteurs?*

R. Je donne le nom d'agriculteurs à ceux qui, possédant la théorie, la mettent en pratique dans la culture des champs.

D. Qu'est-ce qu'un *cultivateur?*

R. C'est celui qui cultive d'après l'usage ou par routine, et sans savoir pourquoi il suit un procédé plutôt qu'un autre.

D. Et un *laboureur?*

R. Ce nom désigne celui qui laboure la terre avec une charrue ou tout autre instrument.

D. Quelles sont les substances que l'agriculture fait produire?

R. Ce sont les plantes ou végétaux et, au moyen d'une partie de ceux-ci, des animaux.

TROISIÈME LEÇON.

Importance de l'agriculture.

D. L'agriculture est-elle d'une grande utilité à la société?

R. Les substances que l'agriculture obtient de la terre étant nécessaires à la société, cet art lui est indispensable.

D. N'y a-t-il pas des peuples qui ne pratiquent point l'agriculture, vivant uniquement de fruits sauvages, de la chasse et de la pêche?

R. Il y a de petites peuplades qui négligent l'agriculture; mais elle est indispensable à des sociétés nombreuses et civilisées.

D. Pourquoi?

R. D'abord, parce que les plantes que la terre produit sans culture, le gibier et le poisson ne suffiraient point à leur nourriture; et ensuite, parce que les habitudes de la vie errante des peuplades qui ne cultivent point la terre sont incompatibles avec la civilisation.

D. D'après ce que vous venez de dire de l'importance de l'agriculture, ne devrait-elle pas être en grand honneur chez toutes les grandes nations civilisées?

R. Elle le serait si les choses étaient toujours estimées selon leur utilité; en France, l'agriculture commence à être appréciée à sa valeur, et bientôt elle y occupera le rang qui lui appartient.

QUATRIÈME LEÇON.

Nécessité d'apprendre l'agriculture par principes.

D. Est-il nécessaire d'apprendre l'agriculture à l'école, dans les livres, ou, comme on dit, par principes?

R. Cette manière d'apprendre l'agriculture est toujours très-utile, parce qu'on profite des observations et des essais des autres.

D. Le perfectionnement de l'agriculture ne dépend-il pas de cette manière de l'apprendre?

R. C'est le seul moyen de faire faire des progrès rapides à l'art agricole.

D. N'y a-t-il pas des cultivateurs qui n'ont pas appris l'agriculture par principes, et qui sont devenus d'excellents agriculteurs?

R. Il y en a; mais ils le seraient devenus plus vite, avec moins de peine, et d'une manière plus complète, s'ils avaient commencé par les principes, au lieu d'y être arrivés par une longue pratique.

D. Il en est donc de l'agriculture comme des autres arts et des métiers?

R. Absolument; on peut devenir peintre et menuisier sans maître, puisque le premier peintre et le premier menuisier n'en ont pas eu; mais avec un maître habile, la peinture et la menuiserie s'apprennent mieux et en moins de temps.

CINQUIÈME LEÇON.

Personnel de l'agriculture.

Maîtres.

D. Quelle est la première condition du succès en agriculture?

R. La première condition du succès en agriculture, c'est que le personnel ait les qualités nécessaires.

D. Qu'entendez-vous par personnel de l'agriculture?

R. J'entends par personnel ceux qui dirigent l'exploitation et ceux qui exécutent les travaux : les maîtres et les valets.

D. Quelle est la première obligation imposée au maître?

R. La première obligation du maître, c'est de donner à sa maison l'exemple de l'accomplissement scrupuleux de tous ses devoirs.

D. Quelles sont les principales qualités d'un maître parfait?

R. Le maître doit être équitable, humain, instruit, actif, économe et avoir de l'ordre.

D. En quoi consiste l'équité du maître?

R. L'équité du maître consiste dans cet esprit de droiture qui non-seulement ne souffre aucune injustice, mais qui se pique de reconnaître les services selon leur mérite.

D. Il ne suffit donc pas qu'un maître paie à ses agents les gages convenus d'avance?

R. Non, l'équité veut qu'il donne des éloges à celui qui a montré du zèle, et qu'il accorde des gratifications à ceux qui ont apporté l'attention la plus soutenue au soin de ses intérêts.

D. Outre la satisfaction intérieure que le maître retire de cette conduite, n'y trouve-t-il pas aussi son intérêt.

R. Certainement; la réputation d'équité du maître attire les meilleurs sujets dans sa ferme, et entretient une utile émulation parmi tous les travailleurs de son exploitation.

SIXIÈME LEÇON.

Suite de la précédente.

D. Qu'exigent du maître les sentiments d'humanité dont il doit être pénétré?

R. Ces sentiments exigent du maître qu'il traite avec douceur tous ses serviteurs, qu'il les nourrisse et loge convenablement, et qu'il ne les excède pas de travaux.

D. Ces sentiments ne s'étendent-ils pas jusqu'aux animaux?

R. Ils s'étendent jusqu'aux animaux, et il est rare qu'un maître sans pitié pour les animaux ne soit pas dur envers ses domestiques.

D. Quelle instruction est nécessaire pour diriger une exploitation rurale?

R. Pour diriger une exploitation rurale, il faut connaître les principes généraux de l'art agricole, et avoir l'usage de ses pratiques essentielles.

D. Comment établissez-vous la nécessité de la connaissance des principes?

R. Sans cette connaissance, on marche à tâtons, on fait des essais à l'aventure, et les expériences sont toujours à recommencer, parce qu'on n'en peut rien tirer avec certitude.

D. Est-il nécessaire aussi que le maître soit praticien ?

R. Il est nécessaire que le maître soit praticien, quand même il ne travaillerait point, parce qu'il doit être capable de vérifier les pratiques existantes, de démontrer à l'œuvre la bonté de celles qu'il veut introduire, ou le vice de celles qu'il faut supprimer.

D. Qu'exige l'activité dont vous avez parlé?

R. L'activité exige que le maître soit le premier levé et le dernier couché, qu'il se trouve partout, qu'il veille à tout et dirige tout par lui-même, autant que possible.

D. Qu'entendez-vous par économie en agriculture?

R. Par économie, j'entends une application constante à tirer parti de tous les produits, et à ne faire aucune dépense inutile.

D. En quoi consiste l'ordre en agriculture?

R. L'ordre consiste dans le compte que le maître se rend des recettes et des dépenses journalières, comme aussi dans une sage distribution du temps et des travaux pour toutes les parties du service.

SEPTIÈME LEÇON.

Domestiques.

D. Quels sont les devoirs des serviteurs envers leurs maîtres?

R. Les devoirs des serviteurs envers leurs maitres sont : la fidélité, le respect, l'obéissance et le dévouement à leurs intérêts.

D. En quoi consiste la fidélité d'un domestique?

R. La fidélité consiste dans cette probité rigoureuse qui fait qu'un domestique ne détourne rien de ce qui appartient à son maître, et qu'il exécute avec soin les travaux dont il est chargé.

D. Qu'exige le respect qu'il doit à son maître?

R. Le respect exige du serviteur qu'il ne parle de son maître qu'en termes mesurés; qu'il reçoive ses avis avec docilité, et qu'il ne lui réponde jamais impoliment.

D. L'obéissance exclut-elle de justes observations?

R. Non; mais il faut qu'elles soient présentées avec convenance, et que l'avis du maître soit suivi, s'il y persiste.

D. Comment un domestique prouve-t-il son dévouement aux intérêts du maître?

R. Loin de négliger la partie du service confiée à ses soins, un serviteur dévoué veille même à celles dont il n'est pas chargé, et emploie utilement les heures de travail.

D. De quelle faute se rend coupable le domestique qui perd volontairement son temps?

R. Il vole son maître, puisqu'il touche pour le temps ainsi perdu des gages qu'il n'a pas gagnés.

PREMIÈRE PARTIE.

CONNAISSANCE DU SOL.

HUITIÈME LEÇON.

Terre végétale.

D. Qu'est-ce que la terre par rapport à l'agriculture ?

R. La terre, considérée au point de vue de l'agriculture, est le milieu dans lequel sont fixées les plantes, et où elles puisent leur principale nourriture.

D. Comment appelle-t-on cette terre?

R. On l'appelle terre végétale, sol, humus, et terre arable ou labourable.

D. De quoi se compose la terre végétale?

R. La terre végétale se compose de débris végétaux et animaux plus ou moins mêlés de terres minérales.

D. Qu'entendez-vous par débris végétaux et animaux?

R. Par débris végétaux et animaux, j'entends ce qui reste des plantes ou végétaux et des animaux après leur décomposition ou pourriture.

D. Pouvez-vous citer quelques exemples de débris végétaux?

R. Les feuilles qui tombent des arbres, les racines qui pourrissent en terre, le chaume des blés, la paille, etc., forment des débris végétaux.

D. Qu'est-ce que les débris animaux?

R. Les débris animaux sont les dépouilles des animaux, comme le sang, les os, la chair, le poil, les plumes, etc.

NEUVIÈME LEÇON.

Suite de la précédente.

D. D'où viennent les terres minérales?

R. La masse du globe terrestre est minérale, et les terres minérales, mêlées aux débris végétaux et animaux, sont des parcelles détachées de cette masse.

D. Quelles sont les substances minérales qui se rencontrent en plus grande quantité dans les terres végétales?

R. Les substances minérales qui se rencontrent dans les terres végétales sont le sable, l'argile ou la glaise, et la chaux: ce qui a fait diviser les terres végétales en terres sableuses ou siliceuses, en terres argileuses et en terres calcaires.

D. Quelle est la destination de ces différentes parties de la terre végétale?

R. Les débris animaux et végétaux entrent de nouveau dans la constitution d'autres végétaux, et, par ceux-ci, dans l'organisme d'autres animaux.

D. A quoi servent les substances minérales?

R. Les terres minérales font, à l'égard des végétaux, ce que fait l'estomac pour les animaux, c'est-à-dire que les substances minérales décomposent les débris animaux et végétaux, et préparent la sève des plantes, comme l'estomac prépare le sang, en divisant ou digérant les aliments.

D. Ne concourent-elles pas aussi à leur formation?

R. Les substances minérales concourent à la formation des plantes, mais pour de faibles parties.

D. La terre minérale est donc l'estomac des plantes?

R. La terre minérale n'est pas un estomac proprement dit, mais cette comparaison offre l'idée la plus exacte que nous puissions nous former de l'action des substances minérales sur les débris animaux et végétaux.

D. Que faut-il à cet estomac pour fonctionner?

R. Il faut à cet estomac de l'eau, de la chaleur et de l'air.

D. Comprenons-nous complétement de quelle manière se fait cette opération?

R. Non. Nous savons qu'elle a lieu, mais le Créateur s'est réservé les secrets intimes de la nature*.

* Quand je dis, ici et ailleurs, que nous ne comprenons pas, je ne veux pas dire que la science soit muette à cet égard, mais seulement que ses explications sont insuffisantes et laissent le fond de ces questions dans l'obscurité.

DIXIÈME LEÇON.

Consistance, profondeur et couleur du sol.

D. Suffit-il d'étudier la nature et la composition du sol d'un champ pour en connaître le degré de fertilité?

R. Pour connaître le degré de fertilité d'un champ, il faut en outre examiner la consistance, la profondeur et la couleur de son sol.

D. Qu'entendez-vous par consistance du sol?

R. Par consistance du sol, j'entends le plus ou le moins de finesse et de densité du grain de la terre.

D. Pourquoi faut-il faire attention au degré de consistance du sol?

R. Il faut faire attention au degré de consistance de la terre parce que la même espèce de sol offre de la résistance aux instruments de labour, à l'air, à l'eau, à la chaleur et aux racines des plantes, en proportion de sa consistance.

D. Quels sont les avantages d'un sol profond?

R. Un sol profond souffre moins des pluies excessives, conserve l'humidité en temps de sécheresse, et présente plus d'espace aux racines des plantes.

D. Quelle est l'influence de la couleur du sol sur sa qualité?

R. La couleur noire absorbe mieux la chaleur que la couleur blanche, et par suite un sol s'échauffe d'autant plus facilement que sa couleur est plus foncée.

ONZIÈME LEÇON.

Sous-sol.

D. Qu'est-ce que le sous-sol ?

R. Le sous-sol est la terre qui se trouve immédiatement sous la couche arable.

D. Comment classe-t-on les sous-sols ?

R. Les sous-sols sont généralement classés, comme les terres de dessus, en argileux, sablonneux et calcaires.

D. Quel est le meilleur sous-sol ?

R. La bonté du sous-sol dépend de la nature du sol.

D. Quel est le plus utile pour les terres argileuses ?

R. Le sous-sol sablonneux est le plus utile aux terres argileuses.

D. Quelle raison en donnez-vous ?

R. Le sous-sol sableux laisse écouler les eaux surabondantes qui feraient pourrir les racines des plantes dans les terres argileuses, et, en se mêlant à l'argile du sol, ce sous-sol en diminue la ténacité.

DOUZIÈME LEÇON.

Suite de la précédente.

D. Quel sous-sol est préférable pour les terres sableuses ?

R. Le sous-sol argileux est préférable pour les terres sableuses parce qu'il retient, au contraire, l'eau qui passe trop vite par le sable, et s'en échappe facilement au soleil.

D. Le sous-sol argileux n'offre-t-il pas d'autres avantages aux terres siliceuses?

R. Le sous-sol argileux offre aux terres siliceuses cet autre avantage qu'il s'y mêle et les rend moins légères.

D. Quel est le sous-sol qui convient aux sols calcaires?

R. Le sous-sol qui convient, en général, au sol calcaire, c'est l'argileux ou le sablonneux, selon la consistance du sol calcaire.

D. Quels sont les motifs de ces convenances?

R. Les motifs de ces convenances sont que l'argile et le sable se mêlent avec avantage aux terres calcaires, et que l'argile conserve l'humidité, tandis que le sable favorise le dessèchement.

D. Comment exprime-t-on les deux propriétés du sous-sol que vous venez d'indiquer?

R. Le sous-sol qui laisse passer l'eau est appelé *perméable*, et celui qui la retient est dit *imperméable*.

TREIZIÈME LEÇON.

Climat.

D. N'y a-t-il pas encore d'autres circonstances qui influent sur la qualité des terres?

R. Les terres peuvent être modifiées par le climat, par leur position et par leur exposition.

D. Qu'entendez-vous par climat?

R. Par climat, j'entends l'ensemble des influences atmosphériques sous lesquelles se trouve une étendue de pays plus ou moins grande.

D. Expliquez cette définition par des exemples?

R. L'intensité et la durée du froid ou de la chaleur, la fréquence ou la rareté des pluies, des orages..., sont de ces circonstances qui déterminent le caractère d'un climat.

D. Peut-on classer les climats au point de vue de l'agriculture?

R. Non; car ils varient tellement, qu'on pourrait presque admettre un climat particulier pour chaque commune.

QUATORZIÈME LEÇON.

Position.

D. Quelles sont les positions des terres?

R. Les terres se trouvent dans l'une des trois positions suivantes : elles sont fortement en pente, tout-à-fait plates, ou dans une position intermédiaire.

D. Quel est l'effet des fortes pentes?

R. Les pentes rapides favorisent trop la chute des eaux, et celles-ci entraînant les terres végétales, nuisent à la fertilité des champs.

D. A quels inconvénients sont exposés les terrains plats?

R. Les terrains plats sont exposés à souffrir des eaux stagnantes, surtout lorsqu'ils reposent sur un sol imperméable.

D. Quelle est donc en générale la meilleure position pour les terres labourables?

R. La meilleure position est celle qui facilite l'écoulement des eaux sans qu'elles emmènent l'humus.

D. Que faut-il faire pour remédier aux inconvénients des deux premières positions?

R. Il faut faire des plantations d'arbres sur les fortes pentes, et assainir les terrains plats et humides, au moyen de fossés d'écoulement.

QUINZIÈME LEÇON.

Exposition.

D. Comment l'exposition du terrain agit-elle sur le sol?

R. L'exposition agit sur le sol par le plus ou le moins de chaleur, de pluies et de vents qu'elle favorise.

D. Comment expliquez-vous votre pensée?

R. J'explique ainsi ma pensée : un terrain exposé au nord est moins chauffé par le soleil et se trouve sous le coup de vents plus rudes qu'un autre tourné vers le midi.

D. En quoi devons-nous profiter de la connaissance de l'effet de l'exposition dans la pratique ?

R. Nous en devons profiter pour régler nos cultures en conséquence.

D. Que voulez-vous dire par là ?

R. Je veux dire que nous ne devons pas mettre dans des terrains exposés au nord des plantes qui ne supportent pas les gelées prolongées ou tardives, et qui ne viennent bien qu'à la faveur d'un soleil du midi ou du couchant.

D. L'avantage ou le désavantage de l'exposition n'est-il pas quelquefois amoindri par la situation.

R. Il arrive fréquemment qu'un champ exposé au midi est privé du soleil par une forêt, tandis qu'un autre situé au nord est abrité par une colline.

DEUXIÈME PARTIE.

MOYENS DE FERTILISER LA TERRE.

SEIZIÈME LEÇON.

Amendements.

D. Qu'entend-on par amendements en agriculture ?

R. Par amendements on entend des substances minérales qui, ajoutées à la terre, en augmentent la fertilité.

D. Comment agissent les amendements sur la terre?

R. Les amendements agissent de deux manières : l'une chimique, l'autre mécanique.

D. Pouvez-vous expliquer cette double action par des exemples?

R. En ajoutant du sable à une terre forte ou argileuse, on la rend moins tenace par un procédé mécanique, en même temps que l'on en augmente la force chimique ou digestive; car, nous l'avons dit, la terre minérale est l'estomac des plantes.

D. Quels sont les principaux amendements?

R. Les principaux amendements sont l'argile, le sable ou la silice et la chaux.

D. L'emploi de ces amendements est-il praticable en agriculture?

R. Non, l'emploi de ces amendements n'est pas praticable, à l'exception de la chaux dans les endroits où elle n'est pas rare, et, pour les autres amendements, dans le cas où ils forment le sous-sol de la terre qu'il s'agit d'amender.

D. Comment établissez-vous la difficulté d'employer avec profit ces amendements en dehors des circonstances que vous venez d'indiquer?

R. Il faudrait trop de sable et d'argile pour pouvoir les chercher même à une faible distance, et la chaux serait trop chère là où elle se trouverait en petite quantité.

DIX-SEPTIÈME LEÇON.

Chaux.

D. Quelle est l'action chimique de la chaux?

R. L'action chimique de la chaux consiste à hâter la décomposition des débris animaux et végétaux qui se trouvent dans la terre.

D. Ne pense-t-on pas qu'elle produit encore d'autres effets?

R. On pense 1° que la chaux a une action dissolvante sur les substances minérales du sol; 2° qu'elle attire dans la terre des parties de l'air nécessaires à la végétation, 3° et qu'elle y retient l'humidité.

D. La chaux n'entre-t-elle pas aussi dans la composition des plantes?

R. Ce qui prouve que la chaux entre dans la composition des plantes, c'est qu'en brûlant des végétaux, on trouve dans leurs cendres de faibles quantités de chaux et d'autres amendements.

D. Dans quels sols l'emploi de la chaux est-il nécessaire ou seulement utile?

R. L'emploi de la chaux est nécessaire dans les terres qui en manquent, et dans celles qui n'en contiennent pas assez, plus ou moins utile.

D. Comment sait-on si le sol d'un champ contient de la chaux ou en est privé?

R. Pour savoir si un champ contient ou

non de la chaux, on prend une poignée de la terre végétale de ce champ; on la fait sécher, puis on jette du vinaigre très-fort dessus; si elle contient de la chaux, il se fait comme une légère cuisson; cette cuisson est plus ou moins forte, selon la quantité de chaux ou marne mêlée à la terre; s'il n'y en a point, l'effervescence n'a pas lieu.

DIX-HUITIÈME LEÇON.

Stimulants.

D. Qu'entendez-vous par stimulants?

R. Par stimulants j'entends des substances minérales dont l'action sur le sol est purement chimique.

D. Comment expliquez-vous cette action?

R. Les stimulants font, sur les substances minérales du sol, qui sont l'estomac des plantes, un effet semblable à celui que les épices produisent sur l'estomac de l'homme.

D. Quels sont les principaux stimulants.

R. Les principaux stimulants sont les cendres et le plâtre.

D. Quel est le plus sûr moyen de connaître la quantité d'amendements et de stimulants qui convient à chaque champ?

R. Le meilleur moyen de connaître cette quantité est de s'en assurer par des essais faits sur le champ même.

DIX-NEUVIÈME LEÇON.

Engrais.

D. Comment définissez-vous les engrais en général?

R. Je définis les engrais des substances végétales ou animales fournissant la principale nourriture des plantes, comme les plantes forment celle de la plupart des animaux.

D. Divise-t-on les engrais en plusieurs espèces *.

R. On divise les engrais en trois espèces : les engrais animaux, les engrais végétaux et les engrais mixtes.

D. Citez des exemples de chacune de ces espèces d'engrais?

R. La chair et le sang sont des engrais animaux; la paille et les récoltes enfouies en vert forment des engrais végétaux; l'engrais mixte se rencontre le plus ordinairement dans les fumiers, composés d'une litière végétale et de déjections animalisées.

D. Quelle est la plus estimée de ces espèces d'engrais?

R. Les engrais animaux sont, en général, les plus estimés.

* Outre les engrais que nous lui préparons, la terre reçoit continuellement des engrais naturels par la décomposition des racines et des insectes qui meurent dans son sein.

D. Pourquoi?

R. Parce qu'ils contiennent en grande quantité les substances dont se nourrissent et se composent les plantes.

D. Les plantes sont donc composées des mêmes matières que les animaux?

R. Sans doute : tous les animaux se nourrissant de plantes ou d'autres animaux qui ont vécu de plantes, ils ne peuvent être composés de matières différentes.

VINGTIÈME LEÇON.

Fumiers.

D. Quels sont les engrais les plus importants pour l'agriculture?

R. Ce sont les fumiers.

D. Que faut-il considérer pour juger de la valeur des fumiers?

R. Pour juger de la qualité des fumiers, il faut avoir égard aux animaux qui les produisent, à leur nourriture, à la litière et au traitement dont le fumier a été l'objet.

D. Quel est le meilleur fumier?

R. Le fumier des animaux en état de santé et d'embonpoint, est meilleur que celui provenant d'animaux malades et maigres.

D. Et sous le rapport de la nourriture, de quels animaux le fumier est-il préférable?

R. De ceux qui se nourrissent de chair et que, pour cette raison, on appelle *carnivores*.

D. Quel est le meilleur fumier après celui des carnivores?

R. C'est celui des *granivores* ou animaux qui se nourrissent de grains, comme les poules et les pigeons.

D. Le fumier des animaux qui vivent d'herbes ou de racines ne vient donc qu'en troisième ordre?

R. Les excréments des animaux sont de la nature de leur nourriture, et l'herbe verte ou sèche et les racines ne sont pas aussi nourrissantes que le grain et la chair.

VINGT-ET-UNIÈME LEÇON.

Suite de la précédente.

D. En quoi la litière contribue-t-elle à la qualité du fumier?

R. La litière contribue à la qualité du fumier par sa propre nature; la paille vaut infiniment mieux que les feuilles d'arbres, par exemple.

D. Quel traitement doit recevoir le fumier pour conserver sa valeur.

R. On doit éviter de laisser le fumier s'échauffer en tas, et de l'exposer à l'air et au soleil dans les champs.

D. Quelle raison donnez-vous de cela?

R. La force du fumier consiste dans des substances qui, dans les deux cas, s'en échappent sous forme de vapeurs invisibles appelées *gaz*.

D. Quel moyen a-t-on d'éviter cette perte?

R. Dans les champs on évite cette perte en couvrant le fumier par un labour.

D. Et sur les tas, que conseillez-vous?

R. Je conseille d'arroser les tas avec de l'eau de fumier, et, au besoin, avec de l'eau ordinaire, dès qu'on s'aperçoit que le fumier s'échauffe. N'étaient les frais de transport, je conseillerais d'y mêler de la terre.

D. Le plâtre en poudre mêlé au fumier n'empêche-t-il pas aussi la perte du gaz?

R. L'acide sulfurique contenu dans le plâtre change les gaz en sels qui restent dans le fumier.

VINGT-DEUXIÈME LEÇON.

Suite de la précédente.

D. Quelle est la plus commune des trois espèces de fumiers dont il a été question dans une des dernières leçons?

R. Le fumier des animaux qui se nourrissent principalement d'herbes ou de racines, est le plus commun.

D. Quels sont les animaux qui se nourrissent d'herbes ou les *herbivores?*

R. Les *herbivores* sont les chevaux, les bœufs et les vaches, les moutons et les porcs.

D. N'y a-t-il point de différence entre les fumiers produits par ces quatre sortes d'animaux?

R. Pardonnez-moi ; généralement le fumier de vache vaut mieux que celui de porc, le fumier de cheval est plus fort que le fumier de vache, et celui de mouton l'emporte sur tous.

D. Comment appelle-t-on ces fumiers en raison de leur énergie?

R. On appelle fumiers chauds ceux du mouton et du cheval, et froids les fumiers provenant du bœuf ou de la vache et du porc.

D. Que veut-on dire par-là?

R. On veut dire que les uns, les fumiers chauds, agissent immédiatement et avec force, tandis que l'action des fumiers froids est lente et moins énergique.

VINGT-TROISIÈME LEÇON.

Urines, Gadoue, Poudrette, Guano...

D. Les urines forment-elles un bon engrais?

R. Les urines forment un excellent engrais qui ne devrait pas être négligé. Il est nécessaire de les étendre d'eau pour s'en servir utilement.

D. Qu'est-ce qu'on nomme gadoue?

R. Les matières fécales, c'est-à-dire celles qu'on tire des lieux d'aisances, se nomment gadoue tant qu'elles sont à l'état liquide.

D. Sous quel nom sont-elles connues quand elles sont solides et sèches?

R. Les matières fécales, à l'état solide, forment l'engrais connu sous le nom de poudrette.

D. Ces matières forment-elles aussi un engrais riche ?

R. A l'état liquide, cet engrais est tellement fort, qu'il est nécessaire de l'étendre d'eau ; à l'état solide, sa force dépend du procédé suivi pour dessécher la gadoue.

D. Quel est le moyen le plus simple d'enlever leur odeur désagréable aux matières fécales, ou de les désinfecter?

R. Le moyen le plus simple pour désinfecter ces matières, c'est d'y mêler de la poudre de charbon.

D. Qu'est-ce que le guano?

R. Le guano est un engrais très-puissant que l'on croit être de l'excrément d'oiseaux.

D. Y a-t-il encore d'autres engrais?

R. Toutes les substances animales et végétales peuvent servir d'engrais; les plus employés sont la chair, les os, le sang, les cornes...., comme engrais animaux, et la bruyère, les genêts, les roseaux, le buis...., comme engrais végétaux.

VINGT-QUATRIÈME LEÇON.

Emploi des engrais.

D. De quelle utilité est-il de connaître la nature des différents engrais?

R. Il est utile de connaître la nature des engrais afin de pouvoir approprier à chaque sol et à chaque espèce de plantes l'engrais convenable.

D. Quel engrais convient aux terres fortes ou argileuses?

R. Le fumier chaud non décomposé est, en général, l'engrais le plus convenable pour les terres argileuses.

D. Pourquoi?

R. Parce qu'étant froides et compactes, les terres argileuses ont besoin d'un engrais actif, et la paille du fumier non décomposé les divise utilement.

D. Il faut donc combiner la nature de l'engrais avec celle du sol, de façon à corriger l'une par l'autre?

R. Le bon emploi des engrais dépend de la justesse de cette combinaison.

D. La nature des plantes ne doit-elle pas aussi être prise en considération?

R. L'engrais étant l'aliment principal des plantes, il est naturel de consulter le tempérament de celles-ci en leur fournissant cette nourriture.

D. Comment apprend-on à opérer avec certitude cette heureuse combinaison?

R. Par des essais en petit sur ses propres champs et par l'observation.

D. Que faut-il penser du parcage des moutons?

R. Le parcage est une bonne manière d'employer un excellent engrais.

VINGT-CINQUIÈME LEÇON.

Labours.

D. Les labours contribuent-ils à la fertilité de la terre?

R. Les labours sont un des plus puissants moyens de fertiliser le sol.

D. Quelle est l'action des labours sur le sol?

R. Les labours agissent sur le sol de quatre manières : 1° ils activent le travail chimique ou digestif de la terre minérale, qui est l'estomac des plantes; 2° ils font que la chaleur du soleil, l'eau de pluie et l'air y pénètrent plus facilement; 3° ils favorisent le développement des racines, en rendant la terre meuble; 4° et ils détruisent les mauvaises herbes.

D. On ne saurait donc trop labourer les champs?

R. Certains sols, non; mais ceux qui *digèrent* assez vite sans fréquents labours, ceux qui livrent naturellement passage à l'air, à l'eau et à la chaleur, ou qui sont très-meubles, ne doivent être labourés que pour enterrer les fumiers et les semences, ou pour détruire les mauvaises herbes.

D. Quelles sont les terres qui demandent à être beaucoup labourées?

R. Les terres fortes ou argileuses exigent, en général, des labours profonds et réitérés.

VINGT-SIXIÈME LEÇON.

Instruments aratoires.

D. De quoi se sert-on pour labourer les champs.

R. L'instrument le plus important du laboureur est la charrue.

D. Combien existe-t-il de sortes de charrues?

R. Il existe plusieurs sortes de charrues, qu'on peut réduire à deux espèces : les charrues à avant-train et les charrues sans avant-train.

D. Quelles sont les meilleures?

R. Toutes les charrues sont bonnes quand elles sont bien construites et bien dirigées.

D. A quels signes reconnait-on une bonne charrue?

R. Une bonne charrue se reconnait à une moindre force employée pour la tirer, relativement à d'autres labourant à égale profondeur, dans la même terre, et à la netteté des sillons. Les charrues sans avant-train offrent généralement le premier de ces avantages.

D. Qu'est-ce qu'une charrue-taupe?

R. La charrue-taupe, aussi appelée charrue sous-sol ou fouilleuse, est une charrue ordinaire privée de son versoir.

D. A quelle fin emploie-t-on la charrue-taupe?

R. La charrue-taupe s'emploie pour labourer le sous-sol sans le retourner ni le mêler au sol.

VINGT-SEPTIÈME LEÇON.

Suite de la précédente.

D. Quels sont les instruments de labour les plus utiles après la charrue?

R. Ce sont la herse et le rouleau.

D. Dans quel but se sert-on de la herse?

R. On se sert de la herse pour enterrer la semence et ameublir le dessus des champs.

D. A quoi sert le rouleau?

R. Le rouleau sert à égaliser le sol, à écraser les mottes et à tasser la terre.

D. N'y a-t-il pas encore d'autres instruments de labour employés dans la grande culture?

R. Les principaux des autres instruments employés dans la grande culture sont l'extirpateur, le scarificateur, le rayonneur, le semoir, la houe à cheval et le buttoir.

D. Quel est l'emploi de ces instruments?

R. Ces instruments sont employés à différents usages que leurs noms indiquent d'abord et dont il sera parlé plus loin.

VINGT-HUITIÈME LEÇON.

Irrigation.

D. L'irrigation n'est-elle pas aussi, en certains cas, un moyen de fertiliser la terre?

R. Les plantes ayant besoin d'eau pour se développer, l'irrigation est très-utile dans certaines circonstances.

D. Quand l'irrigation se fait-elle avantageusement.

R. L'irrigation est avantageuse lorsque les conditions suivantes se trouvent réunies : 1° quand le sol ne fournit pas assez d'eau aux plantes; 2° quand les eaux dont on veut se servir pour l'irriguer conviennent au sol ; 3° et quand on peut les employer sans trop de frais.

D. L'eau n'est-elle pas la même partout?

R. Non; l'eau participe de la terre où se trouve sa source, et de celle qu'elle parcourt.

D. Les considérations que vous avez indiquées pour l'emploi des amendements et des stimulants s'appliquent donc aux irrigations?

R. Certainement; l'eau chargée de chaux, par exemple, ne conviendrait point aux terres calcaires.

D. Quel est le meilleur guide dans cette circonstance?

R. L'expérience locale est le meilleur guide en fait d'irrigation: il faut essayer l'eau dont on veut faire usage, sur le pré ou le champ même qu'il s'agit d'irriguer.

VINGT-NEUVIÈME LEÇON.

Propreté du sol.

D. Qu'est-ce que la propreté du sol?

R. La propreté est cet état où la terre produit les végétaux que l'agriculteur y sème ou plante, sans mélange de mauvaises herbes.

D. Comment la propreté contribue-t-elle à la fertilité de la terre?

R. La propreté contribue à la fertilité en ce qu'elle conserve aux plantes utiles la nourriture puisée dans le sol par les mauvaises herbes.

D. Ces dernières ne nuisent-elles pas autrement?

R. Les mauvaises herbes prennent assez de force quelquefois pour étouffer les plantes qu'on espérait récolter.

D. Est-il facile d'obtenir une propreté parfaite?

R. Au contraire, une propreté complète est presque toujours très-difficile à obtenir.

D. Quels sont les moyens d'y amener ses champs?

R. C'est, pour les plantes nuisibles annuelles, de les détruire avant qu'elles aient porté graines, ou de remuer le dessus du champ quand les graines sont tombées, afin de les faire lever et de pouvoir les détruire par un labour.

D. Et pour les plantes qui ont échappé à cette destruction ou qui, comme le chiendent, n'ont pas besoin d'être renouvelées par la semence?

R. Pour celles-là, il faut avoir recours aux labours répétés et profonds, ce qui peut nécessiter le repos ou la jachère pour le champ qu'on veut purger des mauvaises herbes.

D. N'y a-t-il pas d'autres moyens de nettoyer les champs?

R. Les trèfles touffus débarrassent aussi les terres de quelques-unes des mauvaises herbes, parce qu'ils les privent de l'air nécessaire à leur végétation. On obtient le même résultat par d'autres plantes étouffantes.

TRENTIÈME LEÇON.

Jachères.

D. La propreté du sol est-elle le seul but des jachères?

R. La propreté est souvent le seul but des jachères, mais elles contribuent à la fertilité du sol d'une façon plus directe encore.

D. De quelle manière?

R. En laissant au sol épuisé d'une des substances indispensables à la végétation, le temps de réparer cette perte.

D. Sur quoi fondez-vous cette opinion?

R. Sur ce fait que le froment, par exemple, produit un meilleur grain après une jachère que sur une bonne fumure.

D. Vous pensez donc qu'il faut conserver la jachère?

R. Telle qu'elle existe, non; mais je crois qu'elle peut devenir inévitable dans certaines circonstances.

D. Pouvez-vous déterminer quelques-unes de ces circonstances?

R. La jachère est nécessaire: 1° quand la propreté du sol ne peut être obtenue par les moyens ordinaires; 2° lorsque, malgré les amendements, les engrais, les labours et autres moyens de fertiliser la terre, les plantes perdent de leurs qualités essentielles, sans que la cause vienne, d'ailleurs, de la semence.

TRENTE-UNIÈME LEÇON.

Succession des récoltes.

D. Qu'entendez-vous par succession de récoltes?

R. J'entends l'ordre dans lequel les plantes se suivent sur le même champ.

D. Ne peut-on pas toujours cultiver la même espèce de plante dans le même champ?

R. L'expérience prouve que, dans le meilleur sol, suffisamment amendé, engraissé et labouré, les plantes se succédant long-temps à elles-mêmes dans le même champ, perdent au moins de leurs qualités.

D. Comment expliquez-vous ce fait?

R. Je l'explique par la raison que l'estomac des plantes, la terre minérale, ne fournit pas une nourriture complètement élaborée.

D. Le même inconvénient ne se présente-t-il pas en faisant suivre une espèce de plantes à une espèce différente?

R. Non : les plantes se composent de substances semblables, mais dans des proportions différentes; en sorte que les unes peuvent trouver une nourriture abondante dans le même sol où elle devenait insuffisante pour d'autres.

D. Comment appelle-t-on ce changement de plantes dans la succession des récoltes?

R. C'est ce que l'on appelle l'*alternat*.

D. Qu'est-ce que l'*assolement?*

R. L'assolement est la division des terres d'une exploitation en plusieurs parties ou soles, dans le but de cultiver une espèce différente dans chacune.

D. Qu'entend-on par *rotation* en agriculture?

R. Par rotation, on entend le nombre d'années qu'une espèce de plantes met à parcourir les soles d'une exploitation.

D. Peut-on tracer des règles fixes à cet égard?

R. Non, pour la succession des plantes, comme pour la jachère, l'agriculture agit selon les circonstances.

D. On ne peut donc pas dire d'une manière générale et absolue que tel assolement est préférable à tel autre?

R. Non; une seule chose est certaine, c'est que la meilleure rotation est celle où les mêmes espèces de plantes reviennent le plus rarement possible dans les mêmes terrains, et où celles de nature analogue ne se suivent pas de trop près*.

TROISIÈME PARTIE.

PLANTES AGRICOLES EN GÉNÉRAL.

TRENTE-DEUXIÈME LEÇON.

Nutrition des plantes.

D. Qu'est-ce qu'une plante?

R. Une plante est un être vivant, ayant des organes au moyen desquels il se nourrit, respire, se développe et se reproduit, sans pouvoir de lui-même changer de place.

* Dans un traité moins élémentaire et destiné aux élèves qui posséderont les premières notions, nous entrerons dans quelques détails au sujet des assolements et des autres points que nous avons également dû nous borner à indiquer dans ce catéchisme.

D. Comment se nourrissent les plantes?

R. Les plantes se nourrissent principalement par les racines.

D. Comment se fait cette opération?

R. La terre minérale, qui est l'estomac des plantes, divise ou digère la nourriture de celles-ci, au point qu'elle peut passer par les plus minces racines, et ces dernières boivent cette nourriture par leurs extrémités.

D. En quoi consiste la nourriture des plantes?

R. La nourriture des plantes consiste en sucs tirés des matières animales et végétales qui se trouvent dans la terre, mêlés d'eau, de gaz et de quelques substances minérales.

D. Connaît-on la cause qui fait monter dans les végétaux cette nourriture qui devient sève et plante?

R. C'est encore un des secrets de la nature par lesquels Dieu se rappelle sans cesse à nous, comme cause première et dernière raison. Les savants donnent à cette cause inconnue le nom de force vitale.

TRENTE-TROISIÈME LEÇON.

Respiration des plantes.

D. Les plantes respirent-elles?

R. Les plantes respirent à leur manière; elles absorbent de l'air par les tiges et les feuilles.

D. Qu'est-ce qui a lieu dans cette opération?

R. Certaines parties de l'air sont conservées par les plantes, et les autres sont rejetées par elles.

D. Sait-on sous quel rapport l'air est utile aux plantes?

R. L'air en pénétrant dans la plante, par les feuilles principalement, au moyen de l'inspiration, y produit un effet analogue à celui qui est le but de la respiration dans les animaux supérieurs, c'est-à-dire que la sève qui monte des racines acquiert au contact de l'air, en se combinant avec quelques-unes de ses parties, les qualités nécessaires pour nourrir le végétal.

D. Quelle est, en agriculture, l'utilité de la connaissance du fait de la respiration des plantes?

R. La connaissance du fait de la respiration des plantes nous porte à étudier avec soin le degré de besoin d'air qu'a chaque genre de plantes cultivées dans nos champs, afin de leur en fournir la quantité nécessaire à leur croissance.

D. Comment procure-t-on de l'air aux plantes?

R. On procure de l'air aux plantes en les plaçant à distance, les unes des autres, et dans l'exposition convenable.

D. Trouvez-vous dans la pratique des exemples à l'appui de ce principe?

R. Tous les cultivateurs mettent plus ou moins d'espace entre les pieds de pommes de terre, et savent que le trèfle touffu détruit les mauvaises herbes, en les privant d'air.

TRENTE-QUATRIÈME LEÇON.

Développement des plantes.

D. Comment se développent les plantes?

R. Les plantes se développent de l'intérieur à l'extérieur, en transformant en leur propre substance la nourriture puisée dans la terre et dans l'air.

D. Est-ce qu'il n'en est pas de même de tous les corps qui augmentent de taille et de volume?

R. Non; les rochers et les simples pierres, par exemple, ne se forment et ne grandissent qu'au moyen de substances ajoutées extérieurement les unes aux autres.

D. Les naturalistes expliquent-ils le mécanisme du développement ou de l'accroissement des plantes?

R. L'accroissement des plantes est un fait incontestable, évident; mais les naturalistes ne sont pas d'accord sur la manière dont s'accomplit ce phénomène remarquable.

D. Connaissons-nous au moins la cause de la transformation de la sève en plante?

R. Cette cause nous est inconnue. On l'appelle également force vitale ou force de végétation.

TRENTE-CINQUIÈME LEÇON.

Vie des plantes.

D. Qu'entendez-vous par vie d'un être organisé?

R. Par vie d'un être organisé, j'entends l'ensemble de ses fonctions, comme respirer, se nourrir et se reproduire.

D. Comment appelle-t-on la vie des plantes?

R. La vie des plantes s'appelle vie végétative.

D. Quelle différence remarquez-vous entre la vie végétative et la vie animale?

R. Je remarque surtout cette différence que les plantes sont fixées dans la terre sans pouvoir se déplacer de leur propre mouvement, et sans pouvoir vivre séparées d'elle, tandis que les animaux peuvent se transporter d'un lieu à un autre, et vivent en dehors de la terre.

D. N'existe-t-il pas une particularité remarquable chez certains végétaux?

R. Un grand nombre de plantes offrent cette particularité, qui n'existe point chez les animaux; c'est de pouvoir se reproduire par toutes leurs parties : en plantant une fane de pomme de terre, on obtient un pied de cette plante, tout comme si l'on avait planté un tubercule ou une graine.

TRENTE-SIXIÈME LEÇON.

Reproduction des plantes.

D. Comment se reproduisent les plantes?

R. Les plantes se reproduisent de différentes manières; mais la plus naturelle, comme la plus usitée pour les plantes agricoles, c'est la reproduction par graines.

D. Qu'y a-t-il à observer à l'égard de la graine pour obtenir de belles plantes?

R. Il faut choisir, pour semence, les graines les plus parfaites, les plus mûres et les mieux conservées.

D. Pendant combien de temps les graines peuvent-elles servir à la reproduction?

R. Il y a des graines, comme celles de la betterave, qui germent encore au bout de cinq ou six ans; mais il vaut mieux employer pour semence des graines provenant de la récolte précédente.

D. Que faut-il faire quand, malgré ces précautions, une plante perd tous les ans de ses qualités ou dégénère?

R. Il faut changer de semence, en se procurant de la graine récoltée sur un terrain plus favorable à ce genre de plantes.

D. Quelles règles faut-il suivre en changeant de semence?

R. Il faut, autant que possible, préférer la

graine provenant d'un climat pareil au nôtre et d'un terrain plus maigre.

TRENTE-SEPTIÈME LEÇON.

Semailles.

D. De quelle façon sème-t-on le grain?

R. Le grain se sème de deux façons : à la volée et en lignes ; les semailles en lignes se font au moyen de machines appelées *semoirs*.

D. Quelle est la meilleure et la plus suivie de ces deux méthodes?

R. L'ensemencement à la main, dit à la volée, est généralement suivi ; mais l'autre méthode est préférable.

D. Quels en sont les avantages?

R. L'ensemencement au semoir 1° offre une notable économie de semence ; 2° il permet d'espacer les lignes au gré du semeur ; 3° et par là on peut faciliter la circulation de l'air, selon le besoin des plantes, et ménager un passage aux instruments et aux travailleurs.

D. Pourquoi les semoirs ne sont-ils pas employés généralement?

R. A cause de l'imperfection des uns et du prix élevé des autres.

TRENTE-HUITIÈME LEÇON.

Époques des semailles et quantité de semence nécessaire.

D. Quelle est la règle la plus sûre à suivre quant aux époques des semailles?

R. C'est l'expérience.

D. La science ne peut-elle rien apprendre à ce sujet?

R. L'époque où il convient de semer chaque espèce de graines, dépend d'une foule de circonstances locales qu'il faut étudier et apprécier sur place.

D. Quelle quantité de semence est nécessaire pour une bonne semaille?

R. Sur ce point encore, il n'y a pas de meilleur guide que l'expérience, tant les besoins changent selon les variétés infinies de terres et de climats.

D. Les agronomes ne donnent-ils pas d'indications à cet égard?

R. Les agronomes indiquent assez vaguement à quels sols il faut beaucoup ou peu de semences; mais dans la pratique ces indications sont d'une médiocre utilité.

D. N'est-ce pas la routine que vous défendez en renvoyant sans cesse à l'expérience ou aux pratiques existantes?

R. La routine consiste à suivre des usages existants, sans savoir pourquoi.

D. On peut donc adopter des procédés en usage sans suivre la routine?

R. Chaque fois qu'on a un motif pour adopter un procédé, on ne le fait point par routine.

TRENTE-NEUVIÈME LEÇON.

Travaux après les semailles.

D. Quels sont les travaux à exécuter après l'ensemencement d'un champ?

R. Après l'ensemencement, il faut recouvrir la semence.

D. Quels sont les procédés employés pour recouvrir les graines?

R. Les semoirs sont ordinairement munis d'un instrument qui recouvre la semence: lorsqu'ils n'en ont point ou qu'on a semé à la volée, on se sert de la herse ou du rouleau, et quelquefois de la charrue ou de l'extirpateur. Ce dernier instrument a quelques rapports avec une charrue sans versoir et sert spécialement à défricher ou à détruire les herbes nuisibles dans les jachères.

D. Que reste-t-il à faire après cela?

R. Il reste à briser les mottes qui ont résisté à la herse et au rouleau, et à établir des raies d'écoulement pour les eaux de pluie.

D. Quelles précautions faut-il prendre dans l'établissement de ces raies?

R. Les principales consistent à donner à ces raies la pente nécessaire pour que les eaux s'écoulent facilement, et, dans les fortes pentes, à leur donner une direction oblique, afin que l'eau entraîne moins de terre.

D. Dans certains cas, n'est-il par bon de prendre une autre précaution encore?

R. Lorsqu'on ne peut empêcher les eaux d'emmener de la terre, on creuse sur leur passage des fosses dans lesquelles se déposent les terres entraînées.

QUARANTIÈME LEÇON.

Transplantation.

D. Quand a-t-on recours à la transplantation ou au repiquage des plantes?

R. Au printemps principalement, on sème sur couche ou dans un terrain riche et abrité, des plantes d'une venue lente et sensibles au froid, et lorsqu'elles ont atteint une certaine force, on les transplante ou repique.

D. Comment appelle-t-on cette manière de semer?

R. Cette manière s'appelle semer *en pépinière*.

D. Quelles sont les plantes agricoles auxquelles le repiquage convient particulièrement?

R. Ce sont les pommes de terre reproduites de graines, les betteraves, les choux, le tabac, etc.

D. Comment se fait la transplantation?

R. Elle peut être faite à la bêche, à la pioche, au plantoir et même à la charrue.

D. Quelle est la meilleure manière de repiquer?

R. C'est celle qui permet de faire le meilleur ouvrage en moins de temps, eu égard au terrain.

D. Le choix dépend donc de la nature du sol et de son état d'ameublissement, d'humidité ou de sécheresse?

R. Oui, et ces circonstances, comme toutes celles qui peuvent modifier le sol, doivent être présentes à la pensée de l'agriculteur chaque fois qu'il s'agit d'adopter un procédé.

QUARANTE-UNIÈME LEÇON.

Soins à donner aux plantes.

D. A quoi se bornent les soins à donner aux plantes en végétation?

R. Les soins généraux se bornent à donner un engrais convenable à celles qui sont languissantes, à détruire les herbes qui gênent leur développement, et à les préserver, autant qu'il se peut, des insectes nuisibles.

D. Est-il toujours facile de détruire les insectes nuisibles?

R. Au contraire, il y a beaucoup d'insectes, comme les pucerons et les vers blancs, qui échappent aux moyens de destruction connus.

D. Quels sont ceux de ces moyens qui réussissent quelquefois?

R. C'est de la chaux vive, du plâtre, des cendres de tourbe, de la poussière de houille, de la suie, de la poudre de briques, etc., répandus sur les jeunes plantes pendant la rosée du matin ou après une petite pluie.

D. Comment peut-on sauver le colza des ravages des pucerons, selon quelques agriculteurs?

R. En ensemençant le même champ deux fois à quatre ou cinq jours d'intervalle; les pucerons préféreront, disent-ils, le dernier levé, comme le plus tendre, et laisseront à l'autre le temps de se fortifier.

QUARANTE-DEUXIÈME LEÇON.

Maladie des plantes.

D. Quelles sont les maladies qui attaquent le plus fréquemment les plantes?

R. Ce sont la carie, le charbon, l'ergot, le miellat et la rouille.

D. En quoi consiste la carie?

R. La carie, comme le charbon, maladies particulières aux blés, consiste en une poussière noire qui envahit le grain.

D. Quelle est la différence entre ces deux maladies?

R. Dans le charbon, cette poussière noire s'envole après la fleuraison, tandis que les grains infestés de la carie restent intacts jusqu'au moment du battage, où la poussière noire s'attache aux grains non malades.

D. Qu'est-ce que l'ergot?

R. L'ergot est une maladie du seigle dont il fait dégénérer le grain en une substance cassante, d'une couleur violette à l'extérieur et grisâtre au dedans.

D. A quels signes reconnait-on le miellat?

R. Le miellat se reconnait à une substance visqueuse, semblable au miel, qui transpire des plantes attaquées.

D. Et la rouille?

R. La rouille se reconnait aux taches semblables à des taches de rouille de fer, qui se manifestent sur les tiges du froment et de l'épeautre.

QUARANTE-TROISIÈME LEÇON.

Suite de la précédente.

D. Qu'est-ce que la maladie qui attaque les pommes de terre depuis quelques années?

R. C'est une pourriture sèche qui les rend impropre à servir de nourriture.

D. Quelle est la cause de cette maladie?

R. Une opinion probable qui prend de jour en jour plus de consistance, l'attribue à la dégénérescence des espèces attaquées *.

D. Sur quoi se fonde cette opinion ?

R. Elle se fonde sur cette circonstance que les pommes de terre sont constamment propagées par les tubercules, ce qui n'est pas leur mode de reproduction le plus naturel.

D. La régénération par semis serait donc le seul remède contre cette maladie?

R. Le seul remède radical contre cette maladie, c'est la régénération au moyen de tubercules sauvages ou de graines recueillies sur des pieds sauvages en Amérique.

D. Existe-t-il des remèdes contre les maladies indiquées dans la leçon précédente?

R. Un moyen préservatif contre la carie est, jusqu'à présent, le seul qui soit connu. Nous l'indiquons plus loin.

* Nous avons développé cette opinion dans une brochure qui a paru en 1846, sous ce titre : *Les pommes de terre régénérées*. L'année suivante, la même opinion a été soutenue dans un mémoire aussi lucide que riche de science et de logique, publié par l'Académie de médecine de la Moselle. Plusieurs fois émise à l'Institut depuis l'invasion de la maladie, cette opinion vient (juillet 1852) d'y recevoir les honneurs d'un rapport approfondi et favorable. Bref, depuis notre publication jusqu'à celle (1852) d'un jardinier du Sablon, près Metz, cette opinion a reçu la consécration d'adhésions, franches ou déguisées, si nombreuses, de faits si concluants, qu'elle peut être regardée comme une vérité incontestable.

QUARANTE-QUATRIÈME LEÇON.

Récolte.

D. Que faut-il observer relativement à la récolte des plantes?

R. Il faut étudier avec soin la nature de celles que l'on cultive, afin de les récolter au moment le plus favorable et de la façon la plus avantageuse.

D. Pouvez-vous indiquer quelques règles générales à cet égard?

R. En général, les plantes dont les graines sont destinées à servir de semence, doivent être récoltées en pleine maturité.

D. A quelle époque faut-il récolter les plantes fourragères artificielles, c'est-à-dire cultivées dans les champs?

R. Ces plantes fourragères doivent être coupées au commencement de la fleuraison.

D. Pourquoi cela?

R. Parce qu'elles deviendraient, en général, trop dures et qu'elles épuiseraient le sol, si on attendait, pour en opérer la récolte, que la graine fût formée.

D. Quelle est la meilleure méthode de faire la récolte?

R. Règle générale, c'est celle qui la fait faire vite, bien et économiquement. En traitant de chaque plante en particulier, nous indiquerons la manière de la récolter avec le plus d'avantages.

D. Peut-on toujours et en tous lieux suivre le mode qui réunit ces avantages au plus haut point?

R. Une foule de circonstances, comme le manque d'ouvriers et le mauvais temps, forcent souvent l'agriculteur de faire comme il peut.

QUATRIÈME PARTIE.

CULTURE SPÉCIALE DES PLANTES AGRICOLES.

QUARANTE-CINQUIÈME LEÇON.

Division des plantes agricoles.

D. Qu'est-ce que les plantes agricoles?

R. Les plantes agricoles sont les végétaux généralement cultivés en agriculture.

D. Comment peut-on diviser ces végétaux?

R. Les végétaux agricoles se divisent en plantes fourragères, en plantes sarclées, en plantes farineuses et en plantes industrielles.

D. Pourquoi placez-vous les plantes fourragères avant les plantes farineuses?

R. Parce que ces plantes servent à la nourriture des animaux domestiques qui nous fournissent l'engrais nécessaire à la production des autres plantes, et dont quelques-uns approvisionnent nos tables de viandes et d'autres mets.

D. Ne méritent-elles pas cette préférence pour un autre motif?

R. Les plantes fourragères sont aussi un puissant moyen de fertiliser la terre par la destruction des mauvaises herbes, par l'abritement du sol, et par les racines qu'elles laissent dans la terre.

D. Combien y a-t-il de classes de plantes fourragères?

R. Il y en a deux classes: les plantes fourragères naturelles et les plantes fourragères artificielles.

QUARANTE-SIXIÈME LEÇON.

Plantes fourragères naturelles. (Prairies.)

D. Quelles sont les plantes fourragères naturelles?

R. Ce sont les herbes des prairies, appelées fourrage naturel parce qu'elles n'exigent presque pas de culture.

D. Si les prairies exigent peu de culture, ne demandent-elles pas des soins d'entretien?

R. Pour leur faire produire en quantité et en qualité tout ce qu'il est possible d'en retirer, les prairies demandent beaucoup de soins?

D. Quels sont les principaux soins à donner aux prairies?

R. Il faut assainir les prés humides, irriguer ceux qui souffrent de la sécheresse, et entretenir la fertilité sur tous.

D. Quels sont les autres soins réclamés par les prairies naturelles?

R. Les autres soins réclamés par les prairies se bornent généralement à répandre la terre des taupinières et des fourmilières, à enlever les pierres et autres objets qui pourraient gêner en fauchant; mais il serait avantageux aussi de détruire les mauvaises herbes dans les prairies.

D. Faut-il détruire les souris et les taupes dans les prés?

R. Il est bon peut-être qu'il y en ait, parce qu'elles détruisent des vers et d'autres insectes nuisibles aux plantes, mais il faut empêcher qu'elles ne se multiplient à l'excès.

QUARANTE-SEPTIÈME LEÇON.

Assainissement des prairies naturelles.

D. Qu'entendez-vous par assainissement d'une prairie?

R. J'entends la débarrasser des eaux nuisibles.

D. Comment les eaux peuvent-elles nuire aux prairies?

R. Elles peuvent nuire par leur surabondance, par leur mauvaise qualité, et en se corrompant dans le pré même.

D. Expliquez cette réponse?

R. Les plantes des prés ont besoin d'eau,

comme tous les végétaux, mais trop d'eau et une eau de mauvaise qualité ou gâtée, influe sur leur nature d'une manière fâcheuse.

D. Comment cela?

R. Quand il y a trop d'eau, les plantes en contiennent une trop grande quantité, et quand ces eaux sont mauvaises, les plantes le sont aussi.

D. C'est donc pour cela que l'herbe des prés humides nourrit mal les bestiaux et que ceux-ci repoussent celle des endroits marécageux?

R. Étant en grande partie composée d'eau, l'une ne peut être nourrissante, et l'autre la contenant mauvaise ou pourrie, ne peut être agréable à manger.

D. Indiquez les moyens d'assainir les prairies?

R. On y parvient, selon la position du pré, soit en faisant écouler les eaux par des fossés, soit en élevant le pré par des terres qu'on y conduit.

D. De quoi faut-il s'assurer avant d'entreprendre l'assainissement d'une prairie?

R. Il faut s'assurer que le rapport du pré assaini compensera les frais des travaux d'assainissement.

QUARANTE-HUITIÈME LEÇON.

Irrigation des prairies naturelles.

D. Dans quels cas est-il utile d'irriguer les prairies?

R. Lorsqu'elles sont établies sur un terrain sec; lorsque la nature de l'eau convient à ce terrain, et que le climat ne s'oppose point aux irrigations.

D. L'eau n'est donc pas toujours propre à l'irrigation?

R. L'eau peut être composée de substances contraires à la nature du sol de la prairie, ou être trop froide pour le climat du lieu où celle-ci est située.

D. Comment peut-on savoir si l'eau d'une source ou d'un cours d'eau convient à la prairie qu'on veut irriguer?

R. En l'essayant et aussi en observant l'effet qu'elle produit sur les herbes qui poussent sur son passage.

D. L'irrigation n'est-elle pas quelquefois avantageuse sur des prés humides?

R. On irrigue, dans ce cas, pour faire écouler une partie des eaux croupissantes et les remplacer par de bonnes eaux, ou pour mêler celles-ci aux eaux gâtées et en affaiblir l'effet nuisible.

D. A quelles époques de l'année, et en quelle quantité l'eau convient-elle aux différentes espèces de terres que nous avons étudiées?

R. Cela dépend de la nature de l'eau, de celle du sous-sol, du climat, de la position du pré, de son exposition et des herbes qui dominent dans son gazon ; l'expérience seul peut nous l'apprendre avec certitude.

QUARANTE-NEUVIÈME LEÇON.

Moyens géné ax d'entretenir la fertilité des prairies.

D. N'y a-t-il pas des moyens d'entretenir la fertilité des prairies, praticables en tous lieux ?

R. La fertilité des prés dépend des mêmes causes qui produisent celle des terres labourables, et peut être entretenue par quelques-uns des moyens employés pour celles-ci.

D. Quels sont ces moyens ?

R. Ce sont les stimulants, les amendements et les engrais.

D. Indiquez les stimulants et les amendements qui conviennent, en général, aux prairies ?

R. Ce sont, suivant les terrains, les cendres, le plâtre, une terre différente de celle du sol, etc.

D. Faites connaître les différentes manières d'employer l'engrais sur les prairies ?

R. On l'emploie liquide ou autrement, quelquefois on le jette dans l'eau qui sert à irriguer, et celle-ci en dépose une partie sur le gazon et entraîne l'autre dans le sol.

D. Ne fait-on pas volontiers usage des curures de fossés et de la boue des rues ?

R. Sans doute, car ce sont des matières améliorantes qui tiennent plus ou moins de l'engrais; des stimulants et des amendements, selon la nature des terrains, et qui sont généralement très-profitables.

CINQUANTIÈME LEÇON.

Destruction des mauvaises herbes sur les prairies

D. Qu'entendez-vous par mauvaises herbes des prés?

R. Ce sont toutes les plantes nuisibles ou inutiles qui y croissent.

D. Y en a-t-il ordinairement beaucoup?

R. Les meilleures prairies renferment une certaine quantité de plantes que les animaux rejettent, et qui nuisent à la végétation des herbes utiles.

D. Comment peut-on les détruire?

R. En déracinant celles qui sont vivaces, c'est-à-dire qui repoussent toujours des racines, et en fauchant les prés plusieurs années de suite, avant que les autres soient défleuries.

D. Quelles sont les plantes qui nuisent le plus aux bonnes herbes des prés?

R. Ce sont les mousses qu'on appelle aussi plantes *parasites*.

D. Quels moyens emploie-t-on contre les mousses?

R. Selon les causes qui favorisent le développement de ces plantes parasites, on a recours à l'assainissement, à l'engrais, aux stimulants, aux amendements, aux hersages en tous sens, et à l'ensemencement avec des graines de bonnes herbes.

D. N'emploie-t-on pas quelquefois tous ces moyens?

R. Ils peuvent être tous nécessaires dans une même prairie.

D. Que faut-il faire quand ces moyens n'ont pas réussi à détruire les mousses et à faire venir les bonnes herbes à leur place?

R. Il faut labourer le pré, y cultiver des plantes sarclées, c'est-à-dire des plantes autour desquelles la terre est remuée pendant la végétation, ou d'autres pendant quelques années, et puis l'ensemencer de bonnes herbes.

CINQUANTE-UNIÈME LEÇON.

Récoltes des prairies naturelles.

D. Quand faut-il récolter le produit des prés?

R. On ne doit couper l'herbe pour la sécher ou convertir en foin que lorsque la majeure partie en est défleurie.

D. Pourquoi cela?

R. Parce qu'il y a dans les prairies beaucoup de plantes qui sont annuelles, c'est-à-dire qui ne repousseraient point l'année suivante, si une récolte se faisait avant que la graine ne fût tombée.

D. Indiquez la meilleure manière de sécher ou faner l'herbe des prairies naturelles?

R. Quand il n'y a pas de pluie à craindre, presque toutes les méthodes sont bonnes.

D. Et quand le temps est incertain?

R. Il vaut mieux, dans ce cas, laisser l'herbe en andains pendant un jour ou deux, jusqu'à ce que le dessus soit flétri, puis les retourner et attendre que le dessous soit flétri de même.

D. Que fait-on après?

R. On met en tas ou meulons l'herbe ainsi préparée et on l'y laisse jusqu'à ce qu'elle commence à s'échauffer ou fermenter.

D. Est-elle bonne alors à rentrer?

R. Non. Il faut qu'elle soit éparpillée et exposée un jour ou deux, selon l'état du ciel, à l'air et au soleil.

D. Quels avantages présente cette méthode?

R. Elle conserve au foin sa couleur et ses qualités nourrissantes, que les pluies et les fortes rosées lui font perdre dans les méthodes ordinaires.

D. N'y a-t-il pas aussi moins de main-d'œuvre?

R. Le foin se fait, d'après cette méthode, avec moins de peine et d'ouvrage par un temps pluvieux, que par le beau temps en suivant les procédés ordinaires.

CINQUANTE-DEUXIÈME LEÇON.

Suite de la précédente.

D. Les prairies ne fournissent-elles qu'une récolte par an?

R. Les bons prés fournissent une seconde récolte appelée *regain*.

D. Quel est le meilleur procédé pour faner le regain?

R. La nature tendre de l'herbe, les journées courtes de la fin de l'été, et l'incertitude du temps de cette saison, commandent des soins plus attentifs et ne permettent guère de suivre pour le regain la nouvelle manière de faner le foin.

D. Qu'a-t-on le plus à craindre dans la fenaison du regain?

R. C'est qu'il ne se gâte par une trop forte fermentation dans les meulons ou dans le grenier.

D. N'arrive-t-il pas que le regain rentré humide s'échauffe au point de prendre feu?

R. On croit qu'il en est résulté des incendies.

D. Quelles précautions faut-il prendre quand on est forcé de rentrer du regain ou des foins incomplètement séchés?

R. On y mêle de la paille bien sèche qui

absorbe une partie de l'humidité et empêche l'excès de la fermentation.

D. Peut-on rendre au foin et au regain avariés une partie de leurs qualités et les rendre agréables aux animaux?

R. Le sel a cette double propriété, en même temps qu'il produit un effet semblable à celui qu'on obtient de la paille.

CINQUANTE-TROISIÈME LEÇON.

Plantes fourragères ou prairies artificielles.

D. Qu'est-ce qu'une prairie artificielle?

R. C'est un champ ordinairement labouré, dans lequel on a semé une plante fourragère, devant durer une ou plusieurs années.

D. Nommez les plus importantes de ces plantes?

R. Ce sont la luzerne, le sainfoin et les trèfles.

D. Est-il important pour l'agriculteur de faire des prairies artificielles?

R. L'importance des prairies artificielles est telle qu'il est peu d'exploitations en France qui puissent prospérer sans elles.

D. Sur quoi établissez-vous cette importance?

R. Sur la nécessité d'entretenir, en bonne agriculture, beaucoup plus de bestiaux que les prés naturels ne permettent généralement d'en nourrir, afin de se procurer plus d'engrais.

D. Est-ce là le seul avantage des prairies artificielles?

R. Seul, il devrait suffire à les faire adopter; mais elles améliorent anssi le sol en étouffant les mauvaises herbes, en l'engraissant de racines et en le reposant.

D. Dans quelle proportion les prairies artificielles devraient-elles exister, en règle générale?

R. Ce ne serait pas trop de leur consacrer la moitié des terres arables d'une exploitation.

D. Mais il n'en resterait plus assez pour les autres plantes?

R. L'autre moitié serait mieux fumée et rapporterait, avec moins de frais de labours et de main-d'œuvre, beaucoup au-delà du produit actuel de la totalité.

CINQUANTE-QUATRIÈME LEÇON.

Luzerne.

D. Quelles sont les meilleures prairies artificielles?

R. Ce sont les champs ensemencés de luzerne, et qu'on appelle, pour cette raison, luzernières.

D. Quel sol convient le mieux à la luzerne?

R. Elle aime un sol profond, de moyenne consistance, riche en humus et à sous-sol perméable, l'humidité lui étant contraire.

D. Quel moyen a-t-on de rendre le sous-sol

plus perméable et d'en faciliter l'accès aux racines de la luzerne?

R. Ce moyen consiste à labourer le sous-sol avec une charrue-taupe, qui l'ameublit sans le mêler au sol.

D. Comment faut-il préparer le champ destiné à la luzerne?

R. Il doit être nettoyé de toutes mauvaises herbes, labouré profondément, bien ameubli et engraissé de fumiers peu faits.

D. Donnez la raison de cette préparation?

R. La luzerne doit durer longtemps, et pour cela il est nécessaire que le champ soit propre, en bon état et pourvu d'un engrais durable.

D. Quelle est la durée d'une luzernière?

R. Elle peut durer douze à quinze ans et au-delà.

D. De quelles circonstances dépend la durée des luzernières?

R. La luzerne se plait dans les expositions abritées et les climats chauds, exige une propreté complète et veut enfoncer ses racines à une grande profondeur, sans rencontrer trop d'humidité.

CINQUANTE-CINQUIÈME LEÇON.

Suite de la précédente.

D. Quels sont les autres moyens de faire durer une luzernière?

R. C'est de la garantir des mauvaises herbes, de lui donner les engrais consommés si elle manque de vigueur, et d'éviter de lui faire souvent porter graine.

D. Pourquoi ne doit-on pas laisser porter de la graine à la luzerne?

R. Parce que rien n'épuise le sol et les plantes, comme la formation de la graine.

D. Quels stimulants conviennent à la luzerne?

R. Le plâtre et les cendres.

D. La luzerne n'est-elle pas attaquée par des plantes parasites et des insectes?

R. Elle l'est souvent par la *cuscute*, plante parasite, et le *rhizostome*, animal non moins parasite, qui s'y attachent, vivent de sa sève et la font périr.

D. Quel remède a-t-on contre ces ennemis mortels de la luzerne?

R. Les engrais, les amendements et les stimulants énergiques réussissent quelquefois: on conseille aussi de faucher très-souvent la luzernière attaquée.

D. Quel est, en général, le meilleur moyen de se débarrasser de ces deux maladies et d'empêcher qu'elles ne gagnent d'autres pièces par contagion?

R. C'est de retourner les prairies artificielles infestées, et de se procurer de la graine de luzerne saine pour en créer de nouvelles.

CINQUANTE-SIXIÈME LEÇON.

Sainfoin.

D. Quelle est, après la luzerne, la plante fourragère la plus utile?

R. C'est le sainfoin.

D. Dans quel sol vient-il le mieux?

R. Le sainfoin affectionne, comme la luzerne, un sol propre, profond, riche, meuble et ayant un sous-sol perméable ; mais il vient sur tous les terrains, pouvu qu'ils soient calcaires.

D. Ne prospère-t-il pas dans les sols non calcaires reposant sur des roches calcaires?

R. Il s'y plait, quand ses racines trouvent des fentes où elles peuvent pénétrer.

D. Le sainfoin est donc très-précieux pour les terrains calcaires maigres et à sols peu profonds où la luzerne ne viendrait point?

R. C'est la plante fourragère artificielle par excellence pour les terres ingrates contenant de la chaux.

CINQUANTE-SEPTIÈME LEÇON·

Trèfles. — Trèfle rouge

D. Combien y a-t-il de variétés de trèfles?

R. On en connait généralement quatre variétés.

D. Nommez-les?

R. Ce sont: le trèfle rouge, le trèfle incarnat, le trèfle blanc et le trèfle jaune.

D. Quelle est la plus communément cultivée de ces espèces?

R. C'est le trèfle rouge ou commun.

D. Quels sols conviennent au trèfle rouge?

R. Il vient parfaitement dans les sols argilo-calcaires, frais et de moyenne consistance.

D. Quelle préparation faut-il donner au sol avant d'y semer le trèfle rouge?

R. L'ameublissement est de rigueur pour toutes les plantes fourragères.

D. Quelle est la durée du trèfle commun?

R. C'est une plante *bisannuelle*, c'est-à-dire qui dure deux ans, dont quelques pieds repoussent la troisième année.

D. Est-il avantageux au sol de laisser porter de la semence aux plantes fourragères et de conserver le trèfle rouge pendant trois ans?

R. Non; on épuise le sol en laissant mûrir la graine, et la troisième année le trèfle rouge n'est plus assez fourni pour étouffer les mauvaises herbes.

D. Quels sont les engrais convenables pour les trèfles?

R. Ce sont les engrais consommés.

CINQUANTE-HUITIÈME LEÇON.

Trèfles incarnat, blanc et jaune.

D. Quelle différence voyez-vous entre le trèfle rouge et le trèfle incarnat?

R. Le trèfle *incarnat* ne dure qu'un an et se fauche plus tôt au printemps, mais ne donne qu'une coupe.

D. Offre-t-il un bon fourrage?

R. C'est un fourrage de bonne qualité; mais moins recherché des animaux que le trèfle rouge.

D. Qu'est-ce que le *trèfle blanc?*

R. C'est ce petit trèfle à fleurs blanches qu'on trouve dans les bons prés.

D. Sert-il aussi à faire des prairies artificielles?

R. Il est surtout avantageux pour faire des pâturages.

D. Sous quels noms est connu le *trèfle jaune?*

R. On l'appelle aussi lupuline et minette jaune ou dorée.

D. Quelle est la durée de ces deux derniers trèfles?

R. La lupuline dure deux ans, et le trèfle blanc est vivace, c'est-à-dire que sa durée est d'un nombre d'années indéterminé.

D. Avez-vous encore quelque chose à dire

touchant les trois espèces de trèfles dont s'occupe cette leçon?

R. Non; ce qui a été dit de la culture des autres plantes fourragères leur est applicable.

CINQUANTE-NEUVIEME LEÇON.

Vesces et autres plantes fourragères.

D. Y a-t-il plusieurs espèces de vesces?

R. Il y a des vesces d'hiver et des vesces de printemps.

D. Quelle est l'utilité de cette plante comme fourrage?

R. Les principaux avantages de cette plante, c'est que la vesce d'hiver manque plus rarement que le sainfoin et les trèfles, et que la vesce de printemps se sème à l'époque où l'on connait l'état des autres prairies artificielles.

D. Comment s'emploient les vesces?

R. Elles s'emploient comme fourrage vert et sec.

D. Ne cultive-t-on pas d'autres plantes pour servir de fourrage?

R. On cultive quelquefois des *pois*, des *lentilles*, des *féveroles*, du *seigle* et d'autres plantes comme fourrage vert.

D. Pourquoi n'entrez-vous dans aucun détail au sujet de ces plantes?

R. Parce qu'elles sont d'un usage rare et peu avantageux en général.

SOIXANTIÈME LEÇON.

Récolte des prairies artificielles.

D. A quelle époque convient-il de couper les plantes fourragères artificielles?

R. Lorsqu'elles commencent à fleurir.

D. Quelle raison avez-vous de préférer ce moment pour récolter les plantes des prairies artificielles?

R. Les plantes sont alors moins dures et l'épuisement du sol a lieu principalement après la fleuraison, au moment où se forme la graine.

D. Vaut-il mieux employer sèches ou vertes les récoltes des prairies artificielles?

R. Le fourrage sec est, en général, préférable, parce qu'il contient moins d'eau.

D. Pourquoi le donne-t-on souvent vert?

R. Il y a plusieurs raisons de cela: 1° le fourrage vert purge les animaux au commencement; 2° cette manière de l'employer occasionne moins de travaux; 3° et le mauvais temps ou la multiplicité des ouvrages ne permet pas toujours de faner toutes les récoltes artificielles.

D. N'y a-t-il pas plusieurs inconvénients à les employer à l'état vert?

R. Les fourrages verts, soit abandonnés en pâturage aux animaux, soit consommés à l'étable, peuvent occasionner des maladies et l'enflure ou la météorisation.

D. D'où vient l'enflure causée aux animaux par le fourrage vert, principalement par le trèfle?

R. La météorisation provient d'une grande quantité de gaz qui se dégage du fourrage dans l'estomac de l'animal.

D. Quelle précaution faut-il prendre pour prévenir les accidents que vous signalez?

R. Il faut éviter 1° de passer brusquement du fourrage sec au vert, en donnant de l'un et de l'autre pendant quelque temps et de manière à arriver insensiblement au vert seul; 2° de faire manger en pâturage les plantes trop tendres, celles qui ont reçu du plâtre ou qui sont mouillées, soit de la rosée du matin, soit de la pluie; 3° de laisser s'échauffer le fourrage qu'on a rentré pour être donné vert; 4° et de faire boire les animaux nourris copieusement de ce fourrage.

D. Quels remèdes a-t-on contre la météorisation?

R. Il y en a plusieurs qui seront indiqués dans la cinquième partie.

SOIXANTE-UNIÈME LEÇON.

Suite de la précédente.

D. Quelle est la meilleure manière de faner l'herbe des prairies artificielles?

R. C'est, en général, celle qui exige le

moins de maniement, parce que les plantes de ces prairies perdent aisément leurs feuilles.

D. Le mode de fanage indiqué pour l'herbe des prairies naturelles, convient-il à celle des prairies artificielles ?

R. Certainement; c'est un excellent moyen de conserver feuilles et couleur aux récoltes des prairies artificielles.

D. N'est-il pas question, dans les livres d'agriculture, d'autres méthodes pour faner le trèfle?

R. Oui, on y vante beaucoup le système des séchoirs.

D. En quoi consiste ce mode de fanage?

R. Après l'avoir laissé en andains, pendant deux ou trois jours, on place le trèfle sur des perches pour ne l'en retirer que complétement sec.

D. Que pensez-vous de cette méthode?

R. J'en pense ce que je pense de toutes les nouveautés en agriculture, qu'on ne doit l'adopter ni la rejeter aveuglément; mais qu'il convient d'en faire l'essai en petit avant de la prôner ou de l'appliquer en grand.

D. Qu'avez-vous à dire touchant la récolte des semences sur les prairies artificielles?

R. Le trèfle vigoureux en herbe donne peu de semences; c'est pourquoi la seconde coupe vaut ordinairement mieux à cette fin que la première.

D. En est-il de même de la luzerne et du sainfoin?

R. Une croissance trop luxuriante est également peu favorable à la formation de leurs graines.

D. Que faut-il considérer encore par rapport à une luzernière en lui faisant porter graines?

R. Il faut considérer que cette production l'épuisera considérablement et nuira à sa durée.

D. Comment éviterez-vous cet inconvénient?

R. En choisissant, pour leur laisser porter de la graine, des luzernières déjà anciennes et devant être rompues.

SOIXANTE-DEUXIÈME LEÇON.

Plantes sarclées.

D. Après les prairies artificielles, quelles sont les cultures les plus productives?

R. Ce sont les cultures sarclées.

D. Par quoi se recommandent les plantes sarclées?

R. Les plantes sarclées se recommandent par trois motifs puissants : 1° elles fournissent, en général, une bonne nourriture à l'homme; 2° elles sont d'une grande ressource comme fourrage; 3° et le sarclage qu'elles exigent pendant la végétation, nettoie la terre.

D. Les plantes sarclées ne devraient-elles pas être placées avant les prairies artificielles?

R. Elles ont, en effet, sur ces dernières, l'avantage de servir directement à nourrir l'homme, mais les prairies artificielles l'emportent sur d'autres points importants.

D. Quels sont ces points?

R. Les prairies artificielles exigent peu ou point de travaux pendant la végétation; elles nettoient et améliorent la terre, tandis que les plantes sarclées l'épuisent plus ou moins.

D. Quelles considérations doivent guider l'agriculteur pour déterminer la proportion dans laquelle il convient de cultiver les plantes sarclées dans son exploitation?

R. Il doit, avant tout, considérer le degré de fertilité de ses terres et ses moyens de l'entretenir, de peur de les épuiser en quelques années. Les avantages et la facilité de la vente peuvent quelquefois aussi justifier des sacrifices qui seraient ruineux dans d'autres circonstances.

D. Quelles sont les principales plantes à culture sarclée?

R. Ce sont : la pomme de terre, le topinambour, la betterave, le navet, la carotte, les choux, etc.

SOIXANTE-TROISIÈME LEÇON.

Pommes de terre.

D. Quelle est la plus utile de nos plantes sarclées?

R. C'est la pomme de terre ou solanée parmentière.

D. Comment s'emploie la pomme de terre?

R. Les animaux en mangent crue, cuite; elle forme une nourriture saine et agréable pour l'homme; on en retire de la fécule et au moyen de la distillation, une quantité considérable d'eau-de-vie.

D. Ne vaut-il pas mieux cuire les pommes de terre pour les donner aux bestiaux?

R. Cela est préférable; quand on les donne crues, il faut avoir soin de les mêler à du fourrage sec.

D. Quelle est, en général, la meilleure manière de cuire les pommes de terre?

R. C'est au moyen de la vapeur, comme on les cuit dans les distilleries.

D. Connaissez-vous un moyen simple de les cuire à la vapeur dans une marmite ordinaire?

R. Il suffit de poser au fond du vase une espèce de gril qui sépare les pommes de terre de l'eau, de manière que la vapeur seule y arrive.

D. Est-il avantageux en agriculture de cultiver la pomme de terre sur une grande échelle?

R. Oui, quand la terre est favorable à la culture de cette plante, parce que la fécule et l'eau-de-vie donnent de beaux bénéfices, tout en laissant des résidus considérables pour l'alimentation des bestiaux.

SOIXANTE-QUATRIÈME LEÇON.

Suite de la précédente.

D. Quelles terres conviennent aux pommes de terre?

R. Les terres légères, comme le sable et l'argile sableuse.

D. Pourquoi préférez-vous ces terres aux autres?

R. Parce que ces terres, retenant moins l'humidité qui est nuisible aux pommes de terre, produisent des tubercules de meilleure qualité, et parce que les travaux, pouvant s'y faire avec des instruments traînés par les animaux de trait, sont moins dispendieux que dans les terres fortes.

D. Vous pensez donc qu'il faudrait restreindre aux besoins du ménage la culture des pommes de terre dans les terrains tenaces et humides?

R. Oui, car le produit ne couvre pas les frais dans ces circonstances défavorables, et la récolte suivante en souffre généralement.

D. Quelles plantes succèdent avec désavantage à la pomme de terre?

R. Toutes celles qui sont d'une nature analogue à la sienne; les blés ne devraient ni précéder ni suivre immédiatement cette plante épuisante.

D. Pourquoi cela?

R. Parce que les plantes de nature semblable, par exemple, puisant dans la terre le même genre de nourriture, rendent cette nourriture commune plus rare d'abord, et finissent par l'épuiser.

SOIXANTE-CINQUIÈME LEÇON.

Suite des précédentes.

D. Comment les pommes de terre se reproduisent-elles?

R. Au moyen des tubercules et par la graine qui se trouve dans les baies des tiges.

D. La reproduction par tubercules étant la plus ordinaire, dites-moi quelles sont les meilleurs tubercules pour la plantation?

R. Ce sont les plus gros comme les mieux développés; on peut se contenter d'en prendre les œilletons de tête, avec une partie de la pulpe.

D. Quelle est la méthode la plus expéditive de planter les pommes de terre?

R. C'est de le faire à la suite d'une charrue ou d'un rayonneur, espèce de herse à dents larges du bas et recourbées en forme de main.

D. Cette manière de planter n'offre-t-elle pas d'autres avantages que celui de la promptitude d'exécution?

R. La plantation en lignes permet d'employer la houe à cheval et le butteur pour exécuter les autres travaux.

D. Quelle est la forme et l'usage des instruments que vous venez de nommer?

R. La houe à cheval est une espèce de charrue légère sans versoir, ayant, outre un soc à double tranchant, plusieurs couteaux disposés d'une façon particulière; le butteur ou buttoir est une charrue à deux versoirs: le premier de ces instruments sert à biner, et l'autre, à butter les pommes de terre et autres plantes sarclées.

D. Vous pensez donc qu'il faut butter les pommes de terre?

R. Je pense qu'un léger buttage leur est aussi avantageux que des augets excessifs seraient nuisibles.

D. A quelle distance doit-on planter les pommes de terre?

R. Cela dépend des terres; dans un sol riche, quatre-vingts centimètres en tous sens doivent être laissés entre les pieds, tandis que quarante à cinquante centimètres suffisent dans un terrain léger et maigre.

D. Que pensez-vous des plantations sur abondante fumure?

R. On obtient une récolte plus considérable, en général; mais la qualité des produits souffre plus ou moins de cette manière de planter les pommes de terre.

D. Qu'y a-t-il à observer à la récolte des pommes de terre?

R. Il faut les rentrer aussi propres et sèches que possible, et les garantir de l'humidité et du froid, soit dans la cave, soit dans les silos ou dépôts couverts de terre.

D. N'y a-t-il pas encore une précaution importante?

R. Il est important de ménager une issue aux vapeurs qui se dégagent des tas de pommes de terre.

SOIXANTE-SIXIÈME LEÇON.

Topinambour.

D. Quelle différence y a-t-il entre les pommes de terre et les topinambours ou poires de terre?

R. Les topinambours sont vivaces, c'est-à-dire repoussent d'eux-mêmes une fois plantés, et supportent les hivers les plus rigoureux.

D. Quels soins exige la culture de cette plante?

R. On plante les tubercules dès que la terre est dégelée, au printemps, et l'on bine une ou deux fois, selon qu'il est nécessaire pour détruire les mauvaises herbes; le buttage est inutile.

D. Cette plante est-elle difficile sur les qualités du sol?

R. Elle vient bien dans tous les terrains, excepté dans l'argile pure.

D. On doit donc cultiver les topinambours dans les plus mauvaises terres?

R. On le peut; mais les produits seront plus abondants dans un sol riche en humus ou fortement fumé.

D. A quelle époque se fait la récolte des topinambours?

R. Après l'hiver, quand la terre est dégelée.

D. Pourquoi les topinambours ne sont-ils pas récoltés à l'automne comme les pommes de terre?

R. Parce qu'ils se conservent mieux en terre et qu'on les réserve pour le moment où les autres racines sont consommées.

D. Les topinambours sont-ils un bon fourrage?

R. Ils sont généralement regardés comme peu nourrissants.

D. Comment emploie-t-on les topinambours?

R. On les donne crus aux bestiaux. Les moutons, les porcs et les vaches, une fois habitués à cette nourriture, en mangent avec avidité.

D. Ne coupe-t-on pas aussi les tiges des topinambours pour les donner en fourrage aux bestiaux?

R. Ces tiges employées sèches ou vertes, forment une nourriture d'assez bonne qualité.

SOIXANTE-SEPTIÈME LEÇON.

Betteraves.

D. Y a-t-il plusieurs variétés de betteraves?

R. Il y a des betteraves blanches, il y en a de jaunes, de roses et de rouges. Ces dernières s'appellent aussi disettes.

D. Quelle est la meilleure espèce?

R. C'est l'espèce blanche, qui est la plus riche en sucre, après les blanches viennent les jaunes et les rouges à cœur blanc; celles qui sortent du sol sont préférables dans les terres compactes.

D. Quel sol convient le mieux à la betterave?

R. Elle prospère dans un sol de moyenne consistance, profond, un peu humide et bien fumé. Une terre trop tenace ou pierreuse ne convient pas à la culture de cette plante.

D. Demande-t-elle une terre bien ameublie?

R. Les racines de la betterave devenant très-grosses, il est indispensable que la terre soit meuble pour ne pas gêner leur développement.

D. Comment sème-t-on les betteraves?

R. On les sème en place par deux ou trois graines, sur un espacement de cinquante centimètres.

D. Ne les sème-t-on pas à la volée, au semoir ou en pépinière?

R. Cela se fait quelquefois; mais ce sont de mauvaises manières.

D. Pourquoi?

R. Les betteraves semées à la volée ou au semoir, exigent beaucoup de semence et trop de travaux pour les éclaircir; les semis en pépinière ont, en outre, l'inconvénient de nuire à la quantité du produit, par l'interruption de la croissance qui a lieu au repiquage, et par la perte complète d'un grand nombre de plants qui en résulte, si le temps n'est pas très-favorable.

D. Quelle est la manière la plus sûre et la plus expéditive de semer en place?

R. C'est de se servir d'un cordeau indiquant, par une marque, les endroits où les graines doivent être placées; à l'endroit indiqué, une femme fait, à la pioche, un trou de quelques centimètres, un enfant y dépose deux ou trois graines de betterave, et un homme, portant un panier de terreau au bras gauche, les couvre d'une poignée de cet engrais qu'il foule légèrement du pied.

SOIXANTE-HUITIÈME LEÇON.

Suite de la précédente.

D. Qu'y a-t-il à observer au repiquage?

R. 1° Il ne faut pas repiquer les plants

avant qu'ils n'aient atteint la grosseur d'un fort tuyau de plume; 2° il faut se garder d'endommager en aucune façon les racines, la pointe des feuilles seulement pouvant être coupée; 3° et, au moment de les remettre en terre, il est bon de tremper les racines des plants dans de la bouse de vache étendue d'eau.

D. Quels soins faut-il donner à la betterave pendant sa végétation?

R. Quand on a semé en place, comme il a été dit dans la leçon précédente, il suffit d'éclaircir par-ci, par-là, et de repiquer en quelques endroits, puis de biner aussi souvent que la destruction des mauvaises herbes l'exigera.

D. Conseillez-vous d'effeuiller les betteraves?

R. Non; cela nuit aux racines, et les feuilles sont de peu de valeur.

D. A quelle époque arrache-t-on les betteraves?

R. Vers la fin d'octobre, lorsqu'il faut vider le champ pour une semaille d'hiver, ou que les froids commencent à se faire sentir.

D. Quel est le rendement moyen d'un hectare de betteraves?

R. De quarante à cinquante mille kilogrammes.

D. Et quelle est, relativement au bon foin, la valeur fourragère des betteraves?

R. Deux cent vingt kilogrammes de betteraves blanches de Silésie équivalent à cent kilogrammes de bon foin de prés naturels.

D. Cette plante est donc d'une grande utilité en agriculture?

R. C'est, après la pomme de terre, la plus précieuse des plantes sarclées.

D. Comment se conservent les betteraves?

R. De la même manière que les pommes de terre.

D. Quel usage fait-on de cette racine dans les ménages ruraux?

R. Les bestiaux en mangent crue et grossièrement coupée par morceaux.

D. De quelle manière obtient-on une bonne semence de betterave?

R. On choisit, en automne, des racines vigoureuses; on les conserve avec les feuilles jusqu'au printemps, époque à laquelle on les plante à la distance de 70 à 90 centimètres, pour en récolter la semence dans le courant de l'été.

SOIXANTE-NEUVIÈME LEÇON.

Navets, Carottes, Choux, etc.

D. N'y a-t-il pas d'autres plantes sarclées plus ou moins utiles en agriculture, comme fourrage?

R. Dans les pays avancés dans l'art de la culture des champs, on cultive avec avantage différentes espèces de navets, de carottes, de choux et de raves.

D. Quels noms donne-t-on à quelques variétés de ces plantes?

R. Il y a une espèce de gros navet qui se nomme *turneps*, une autre est connue sous les noms de navet de Suède et de *rutabaga*; les choux portent différents noms, selon leur forme, de même que les carottes et les raves.

D. Qu'est-ce que le *panais*?

R. C'est, comme la carotte, une plante bisannuelle et à racine longue; le panais a de très-grandes feuilles et sa racine ne souffre point des gelées.

D. Quelle est la manière de cultiver ces plantes?

R. Leur culture diffère peu de celle des autres plantes sarclées.

D. Quelle est leur utilité en agriculture?

R. Elles peuvent également fournir d'excellents fourrages.

D. Pourquoi ces plantes sont-elles presque inconnues chez nous?

R. Parce que, en fait d'agriculture, nous sommes encore fort arriérés sur d'autres départements.

D. Vous voudriez donc que toutes ces plantes fussent partout cultivées en grand?

R. Non; mais chaque cultivateur devrait,

après des essais en petit, adopter la culture étendue de celles qui conviennent au climat et au sol de son exploitation, afin de diminuer les chances de disette de fourrage, par des ressources variées et dépendant de circonstances différentes.

D. Comment entendez-vous cela?

R. Je veux dire que si une des plantes venait à manquer une année, à cause d'une sécheresse prolongée, par exemple, une autre aimant la chaleur réussirait, et réciproquement.

SOIXANTE-DIXIÈME LEÇON.

Plantes farineuses.

D. Quelles sont les plantes farineuses?

R. Ce sont le froment, le seigle, l'orge, l'avoine, le sarrazin, le maïs et quelques autres.

D. Comment désigne-t-on encore ces plantes?

R. Elles sont aussi connues sous les désignations génériques de graminées et de céréales.

D. Quelle division générale peut-on établir entre les céréales?

R. Il y a des céréales d'hiver et des céréales de printemps.

D. Que signifie cette distinction?

R. Les céréales d'hiver se sèment à l'automne et passent la saison des neiges dans les champs, tandis que les céréales de printemps ne sont confiées à la terre qu'au retour des beaux jours.

D. Quelles sont les principales céréales d'hiver?

R. Ce sont le froment, le seigle et l'orge d'hiver.

D. Et les céréales de printemps?

R. Les plus importantes de celles-ci, qu'on appelle aussi marsages, sont: l'avoine, l'orge, le froment et le seigle de printemps, le maïs et le millet.

D. Quelle différence y a-t-il entre la même espèce de plantes semée en automne ou au printemps?

R. La plante qui passe l'hiver dans les champs donne généralement un produit plus élevé et de meilleure qualité.

D. A quel usage sont destinées la majeure partie des céréales?

R. Elles forment directement la principale nourriture de l'homme.

D. Puisqu'il en est ainsi, pourquoi placez-vous les céréales au troisième rang, parmi les plantes agricoles?

R. Précisément à cause de leur grande importance.

D. Comment cela?

R. Le moyen de faire produire beaucoup

de céréales à la terre, c'est de la fumer abondamment; mais pour avoir une grande quantité d'excellents fumiers, il faut entretenir beaucoup de bestiaux; or, avant de se procurer des bestiaux, espèces de *machines à engrais*, c'est-à-dire *à céréales*, on doit songer à leur nourriture.

SOIXANTE-ONZIÈME LEÇON.

Froment.

D. Existe-t-il plusieurs variétés de froment?

R. Il en existe un grand nombre.

D. Comment se distinguent-elles?

R. Les caractères distinctifs ordinaires se trouvent dans la forme de l'épi, dans la tige creuse des unes et pleine des autres, dans la couleur, le volume et le degré de dureté du grain.

D. Quelles sont les variétés les plus généralement cultivées?

R. Ce sont deux sortes de blés communs, l'une à grains durs, l'autre à grains tendres, et l'épeautre.

D. A quels signes reconnait-on les deux espèces de blés communs?

R. Le blé dur résiste sous la dent, et sa cassure est grise et vitreuse; le blé tendre s'écrase facilement, et l'intérieur en est blanc et farineux.

D. Qu'est-ce que l'épeautre?

R. C'est une espèce de blé qui, par sa rusticité, convient mieux que les autres dans les pays froids, comme pour les terrains tenaces, humides et maigres.

D. Pourquoi la culture de ce blé est-elle si peu répandue?

R. Son grain a l'inconvénient de se détacher difficilement de la balle.

D. Y en a-t-il de plusieurs espèces?

R. On cultive ordinairement deux espèces d'épeautres, l'une rougeâtre, l'autre blanche, mais il y en a encore d'autres.

D. Existe-t-il une espèce d'épeautre du printemps?

R. Oui; mais elle est médiocrement productive.

D. Qu'entend-on par méteil?

R. C'est le produit d'un mélange de froment et de seigle semés ensemble, dans la proportion d'un tiers de froment pour deux tiers de seigle.

SOIXANTE-DOUZIÈME LEÇON.

Suite des précédentes.

D. Quelles espèces de sols conviennent le mieux au blé commun?

R. Ce sont les sols argilo-sablonneux ou argilo-calcaires, c'est-à-dire les sols composés d'argile et de sable, ou d'argile et de chaux.

D. Et quelle variété de blé doit être préférée pour chaque espèce de sol ?

R. L'expérience seule peut l'apprendre sûrement ; il est cependant probable que les variétés à tiges pleines et fortes, sont moins sujettes à *verser*.

D. A quelle cause doit-on attribuer la *verse* des blés ?

R. A une fertilité excessive du sol, aux pluies prolongées, et à la nature des tiges.

D. Comment empêche-t-on les blés de *verser* ?

R. Quand les champs sont trop gras pour le blé, il faut faire précéder cette graminée d'une récolte épuisante ; si le blé verse parce que les tiges sont trop délicates, il faut avoir recours à une variété à tiges solides ; le seul remède contre l'humidité semble être de semer clair, afin que les tiges sèchent aisément et ne soient point amollies.

D. Ne peut-on supposer d'autres causes encore à l'affaiblissement des blés ?

R. Il n'est pas impossible que des blés soient disposés à verser, parce que la tige manque, en tout ou partie, d'une des substances essentielles à sa constitution.

D. Expliquez cela ?

R. Il entre dans la composition des tiges du froment, des substances minérales, comme de la silice, qui leur donnent la rigidité, et dont l'absence occasionnerait un affaiblissement.

D. Dans le cas de cette supposition, que faudrait-il faire?

R. Il faudrait fournir au champ l'amendement dont il serait privé, ou faciliter la décomposition de celui qui, faute de préparation suffisante, ne pourrait être absorbé par la plante.

D. Quel moyen a-t-on de déterminer la décomposition des terres minérales?

R. Les labours, la chaux et, au besoin, le repos absolu de la terre, ou la jachère.

SOIXANTE-TREIZIÈME LEÇON.

Suite des précédentes.

D. A quelle époque sème-t-on le blé ou froment d'automne?

R. Depuis le commencement de septembre jusqu'en novembre, selon les climats.

D. Et le blé de printemps ou de mars?

R. Aussitôt que l'état de la terre le permet.

D. Qu'y a-t-il de particulier à observer dans la culture du blé de printemps?

R. Il demande à être semé plus épais que le blé d'hiver, et dans une terre plus riche.

D. Quelle semence faut-il préférer en général?

R. Les meilleurs grains sont les mieux développés, ceux qui ont complètement mûri sur pied, et qui sont le moins mélangés de graines étrangères.

D. Ne fait-on pas subir une préparation aux grains du froment avant de les semer?

R. On leur fait subir la préparation du chaulage ou sulfatage pour préserver la récolte de la *carie*.

D. Comment se fait cette préparation?

R. Elle se fait de différentes manières; mais la meilleure paraît être celle qui consiste à laver le grain dans une lessive composée de *sulfate de soude* et d'eau, dans la proportion de quatre-vingt-cinq grammes de ce sulfate pour un litre d'eau, et à le saupoudrer de chaux vive. Six hectogrammes de sulfate dissous dans sept litres d'eau, et deux kilogrammes de chaux suffisent pour un hectolitre de semence.

D. Quelle quantité de blé faut-il semer?

R. Suivant les terres; d'un hectolitre et demi à deux hectolitres par hectare.

SOIXANTE-QUATORZIÈME LEÇON.

Suite des précédentes.

D. Comment sème-t-on le blé?

R. Cette opération se fait généralement à la main; mais il y aurait économie de semence à se servir du semoir.

D. Qu'est-ce qu'un semoir?

R. C'est une caisse montée sur roues, dans laquelle on place le grain, et d'où il se répand d'une manière égale, à mesure que la machine avance.

D. Après quelles plantes le blé réussit-il le mieux.

R. La raison dit que ce doit être après celles qui ont le moins d'analogie avec sa nature; mais cela dépend beaucoup de la composition et de la fertilité du sol.

D. Le blé vient-il bien sur une fumure fraîche?

R. En général, il réussit mieux dans les terres reposées, améliorées de longue date, ou copieusement engraissées pour une récolte précédente.

D. Que pensez-vous du changement de semence?

R. L'expérience a démontré que cet usage est-très avantageux dans un grand nombre de localités.

D. Quelles sont les autres conditions ordinaires de réussite pour le blé?

R. C'est que le grain soit enterré à la profondeur convenable, suivant la nature sèche ou humide, forte ou légère du terrain, et que le sol soit propre.

D. Est-il nécessaire de veiller à cette propreté quand le blé est levé?

R. On devrait arracher toutes les mauvaises herbes; les chardons surtout doivent être détruits avec soin.

D. Comment arrive-t-on le plus sûrement à cette destruction?

R. En échardonnant à deux reprises différentes, au printemps et lorsque les chardons passent en fleur.

SOIXANTE-QUINZIÈME LEÇON.

Suite des précédentes.

D. A quelle époque faut-il récolter le froment?

R. Un peu avant sa maturité complète, pour empêcher les épis de se détacher des tiges ou de s'égrainer pendant le maniement.

D. Quelle est la manière de couper le blé la plus usitée dans les départements de l'Est?

R. C'est le sciage à la faucille.

D. Est-ce aussi la plus expéditive et la plus économique?

R. Non, pour aller vite et scier à ras de terre, on se sert de faulx montées comme pour couper l'avoine, à cela près que les dents du râteau sont moins longues.

D. Comment se fauche le blé?

R. La manière de faucher le blé diffère de celle de faucher l'avoine, en ce que les andains du blé sont simplement appuyés contre la partie à laquelle s'arrête le coup de faulx.

D. Le blé ainsi coupé et incliné sur celui qui reste debout, ne gêne-t-il pas dans la suite de l'opération?

R. Une seconde personne munie d'une faucille suit de près le faucheur, et ramasse en javelles le blé coupé.

D. D'après cette méthode, le faucheur arrivé au bout du champ n'est-il pas obligé de revenir à l'endroit d'où il est parti, pour que le blé fauché trouve un point d'appui?

R. Cela n'est pas nécessaire; à moins que le vent ou l'inclinaison du blé ne s'y oppose, il peut faire le tour du champ: le dernier andain seulement est toujours placé par terre.

D. Quels sont, outre la promptitude d'exécution, les avantages de cette méthode?

R. Le blé est coupé plus près de terre, ce qui augmente la quantité de paille, et, en les étêtant, on empêche les plantes nuisibles tardives de fleurir et de porter graines.

D. Qu'est-ce que le *piquet* ou la *sape*?

R. On appelle ainsi une faulx fixée au bout d'un manche droit de 60 centimètres environ de long, et qui sert également à couper le blé.

SOIXANTE-SEIZIÈME LEÇON.

Suite des précédentes.

D. Comment faut-il traiter le blé quand il est scié ou coupé?

R. Il faut le réunir en tas ou *petites meules* et le couvrir de manière à garantir les épis de l'humidité, et le laisser entièrement mûrir avant de le rentrer.

D. Quels sont les avantages de ce système?

R. Le blé acquiert une qualité supérieure; on peut le scier par les plus mauvais temps, dès que les tiges sont sèches; enfin, le blé pouvant être coupé moins mûr que pour le rentrer immédiatement, on peut commencer la moisson plus tôt, et éviter ainsi d'avoir trop de travaux à la fois sur les bras.

D. De quelle manière se font les petites meules ou *meulettes* de blé?

R. Il y a deux manières de les faire: avec de simples javelles qu'on lie seulement au moment de la rentrée, ou avec des gerbes préparées d'avance; dans l'un et l'autre cas, la meulette est couverte d'une gerbe en forme de chapeau.

D. Que pensez-vous des machines à battre le blé?

R. Bien confectionnées, elles sont fort avantageuses sous tous les rapports, et devraient être d'un usage général.

SOIXANTE-DIX-SEPTIÈME LEÇON.

Seigle.

D. Cultive-t-on plusieurs espèces de seigles?

R. Les principales espèces sont le seigle commun d'hiver, le seigle multicaule et le seigle de mars.

D. Quel sol convient au seigle?

R. Il prospère généralement dans les sols secs de consistance moyenne; mais les terres sableuses lui conviennent par excellence.

D. Quels sont les principaux avantages du seigle?

R. C'est de venir dans presque tous les terrains, même dans ceux qui sont trop pauvres pour le froment; de s'accommoder des expositions les plus froides, et de pouvoir servir avantageusement de fourrage et d'engrais verts.

D. Sa culture diffère-t-elle beaucoup de celle du blé?

R. Le seigle supporte le fumier frais, n'est pas sujet à la carie, ce qui dispense du chaulage, et veut un terrain friable et meuble; sa culture est, du reste, assez semblable à celle du blé.

D. Qu'est-ce que le seigle multicaule?

R. C'est une espèce qui *talle* considérablement, c'est-à-dire qui pousse beaucoup de tiges, et passe très-tard en épis, ce qui permet de l'utiliser comme fourrage, la première année, quand on la sème en juin.

D. Combien faut-il de semence de seigle multicaule?

R. A peu près moitié de celle du seigle ordinaire, ou un hectolitre par hectare.

D. Dans quels cas sème-t-on du seigle de printemps?

R. Lorsque le seigle d'hiver n'a pu être semé, qu'il a mal réussi, ou qu'on veut se procurer de la paille: dans ce dernier produit il surpasse les autres céréales de printemps.

D. Les semailles du seigle de mars exigent-elles aussi moins de semence?

R. Au contraire, il en faut davantage, quoique la récolte en grains de cette variété soit au-dessous du seigle ordinaire.

SOIXANTE-DIX-HUITIÈME LEÇON.

Orge.

D. Possédons-nous plus d'une espèce d'orge?

R. Nous possédons une espèce d'hiver appelée *escourgeon*, et plusieurs variétés de printemps dont une a été récemment importée d'Asie sous le nom d'orge *Namplo*.

D. Quel avantage y a-t-il à cultiver l'orge d'hiver?

R. L'escourgeon fournit un bon rendement et se récolte avant le seigle.

D. Quelle est l'espèce la plus généralement cultivée?

R. C'est une espèce commune d'été, moins difficile que d'autres sur la nature du sol et du climat, en même temps qu'elle est plus productive.

D. Dans quelles terres vient-elle le mieux?

R. Dans celles de moyenne consistance et dans les terres légères, humides.

D. Qu'avez-vous à dire de particulier touchant la culture de cette céréale?

R. Rien qui n'ait déjà été dit et répété, qui ne soit généralement connu ou qu'il ne faille apprendre par l'expérience sur ses propres champs.

D. Qu'est-ce que l'orge Nampto?

R. C'est une nouvelle variété du printemps à grains nus et sans balle, qui mûrit en deux mois.

D. Quel est le rendement de l'orge Nampto?

R. On assure qu'elle produit quatre à cinq fois autant que les autres variétés, et que l'hectolitre en pèse jusqu'à 80 kilogrammes.

D. A quels usages s'emploie l'orge?

R. Dans les pays pauvres elle fournit, avec le seigle, le pain aux habitants des campagnes;

ailleurs elle sert ordinairement à la nourriture des bestiaux. L'orge entre aussi dans la fabrication de la bière.

D. N'offre-t-elle pas un bon fourrage vert?

R. Certainement; l'orge Nampto surtout offre une excellente nourriture fraîche.

SOIXANTE-DIX-NEUVIÈME LEÇON.

Avoine.

D. Quelles sont les espèces d'avoine les plus connues?

R. Ce sont l'espèce d'hiver, l'avoine ordinaire, les variétés, blanche et noire de Hongrie, celle de Brie et l'avoine de Géorgie.

D. En quoi diffèrent-elles les unes des autres?

R. Ces différentes variétés d'avoine se distinguent entr'elles par la forme de l'épi, par la couleur, par la durée de la végétation, par le rendement et la qualité du grain.

D. Quelle est la meilleure espèce d'avoine?

R. L'avoine d'hiver, passant plus de temps en terre, doit produire des grains de meilleure qualité que les variétés de printemps.

D. Pourquoi n'est-elle pas cultivée partout?

R. Tous les climats ne conviennent point à cette culture.

D. Et parmi les espèces printannières, laquelle mérite la préférence?

R. C'est la plus généralement cultivée ou l'avoine ordinaire.

D. Les autres variétés sont donc inutiles à l'agriculture?

R. Les unes sont plus précoces que l'avoine ordinaire, les autres rendent moins de grains, mais ils sont meilleurs; toutes ces variétés sont précieuses suivant les circonstances.

D. Quelle est sa terre de prédilection?

R. L'avoine est peu difficile sur la nature et la préparation du sol, mais elle se plait extraordinaîrement dans les terres *novales* ou nouvellement défrichées, et rend plus dans un sol propre et bien ameubli.

D. Le rouleau n'est-il pas employé avec avantage pour l'avoine?

R. Cette céréale aimant l'humidité et se fauchant, le rouleau, passé dessus à propos, lui est doublement utile, comme à toutes les plantes dans le même cas.

D. Doit-on faire succéder l'orge et l'avoine au froment comme cela se pratique?

R. C'est, en règle générale, une faute contre les principes, puisque ces deux céréales ont beaucoup d'analogie avec le blé, et qu'elles tirent par conséquent de la terre des substances semblables pour se nourrir et former leurs grains.

D. Qu'avez-vous à faire observer au sujet de la récolte des avoines?

R. Elles s'égrainent très-facilement, et il est nécessaire, pour cette raison, de les scier plus tôt encore que le blé et l'orge ; elles achèvent parfaitement de mûrir en meulettes, ainsi que l'orge et le seigle.

QUATRE-VINGTIÈME LEÇON.

Sarrasin.

D. Qu'est-ce que le sarrasin?

R. Le sarrasin, aussi appelé *blé noir* et *bucail*, est une plante farineuse d'une grande ressource pour les contrées à sols arides et ingrats.

D. Pourquoi cela?

R. Parce que le sarrasin se contente d'un sol médiocre, fournit un rendement considérable et sert à la nourriture de l'homme et des bestiaux.

D. A quelle époque sème-t-on le sarrasin?

R. Lorsqu'il n'y a plus même de gelées blanches à craindre.

D. Sa nature frileuse ne le rend-elle pas impropre aux climats froids?

R. Le sarrasin est sensible au froid, mais ne

passant que trois mois au champ, il supporte d'être semé tard, et peut, pour cette raison, être cultivé dans les contrées froides.

D. Ne trouve-t-on pas d'autres avantages dans la courte durée de sa végétation?

R. Cette circonstance rend le sarrasin propre à une *culture dérobée*, c'est-à-dire faite à la suite d'une récolte dans la même année, comme à servir de fourrage vert et à être enfoui pendant la fleuraison à titre d'engrais.

D. Quelle est la meilleure terre à sarrasin?

R. C'est la terre siliceuse.

D. Comment se fait la récolte de cette plante?

R. Le sarrasin se coupe lorsque la majeure partie de ses graines sont mûres; on laisse faner les tiges sur le chaume, puis on les rentre mises en gerbes.

QUATRE-VINGT-UNIÈME LEÇON.

Maïs ou blé de Turquie.

D. Quelle est, après le froment, le seigle, l'orge, l'avoine et le sarrasin, la plante farineuse la plus utile?

R. C'est le maïs ou blé de Turquie.

D. Dans quels sols et sous quels climats prospère-t-il?

R. Le maïs aime les climats chauds sans être trop secs; les terres riches, meubles et un peu fortes, comme les terres argilo-calcaires profondément fertilisées, lui conviennent avant toutes, mais il n'y a que le sol argileux compact qui lui soit entièrement contraire.

D. Quelle est la place du maïs dans la rotation ou succession des plantes cultivées dans une exploitation ?

R. Celle qui le fait venir le plus tard possible après les plantes de nature semblables, comme les céréales.

D. Quel engrais convient le mieux au maïs ?

R. Il comporte toute espèce d'engrais, et s'en trouve d'autant mieux qu'ils sont plus riches.

D. Faut-il une terre ameublie à cette plante ?

R. Le maïs exige un sol tellement meuble qu'on donne un labour avant l'hiver, afin de mieux exposer les terres à l'action des gelées.

D. Comment sème-t-on le maïs ?

R. L'ensemencement des champs de maïs se fait à la volée, en augets ou en lignes.

D. Quand sème-t-on à la volée ?

R. Lorsque la récolte est destinée à être consommée en vert.

D. Qu'appelez-vous semer en *augets*.

R. C'est déposer les grains dans un trou de quelques centimètres fait à la bêche ou à la pioche.

D. Comment sème-t-on le maïs en lignes?

R. Au moyen d'un semoir spécial.

D. A quelle distance convient-il de placer les pieds de maïs?

R. Un espacement de 50 centimètres en tous sens est d'autant moins exagéré, que les intervalles peuvent être utilisés pour la culture de différentes plantes *naines*.

D. Quels soins faut-il donner à cette plante pendant la végétation?

R. Les binages exigés pour l'ameublissement et la propreté du sol, un fort buttage et l'éclaircissement sont indispensables.

D. Quel usage fait-on du maïs?

R. La graine de cette graminée forme la principale nourriture de l'homme dans plusieurs contrées. Elle engraisse en peu de temps bestiaux et volailles.

D. N'utilise-t-on pas aussi les tiges sèches et les feuilles de cette plante?

R. Les feuilles sèches du maïs sont employées comme fourrage, comme litière et pour garnir les paillasses; les tiges sont brûlées comme du menu bois.

QUATRE-VINGT-DEUXIÈME LEÇON.

Millet, haricots, pois.

D. Y a-t-il encore d'autres plantes farineuses?

R. On en cultive plusieurs qui, comme le

maïs, pourraient être rangées parmi les plantes sarclées, ou parmi les plantes fourragères, comme le millet.

D. Quelles sont ces plantes que leur culture ou leur destination permet de ranger indifféremment dans l'une ou l'autre classe des végétaux agricoles ?

R. Ce sont le millet, les haricots, les pois, les lentilles, le lupin blanc, les féverolles et les fèves de marais.

D. Quelle est la manière de cultiver le millet?

R. Le millet se cultive comme le maïs, dont il partage les besoins et les goûts.

D. Quel emploi fait-on de cette plante ?

R. L'emploi du grain, comme de la tige du millet, ressemble beaucoup aussi à celui du blé de Turquie.

D. Qu'avez-vous à dire des *haricots* ?

R. Les haricots fournissent une nourriture substantielle, mais ils paraissent exiger trop de soins pour pouvoir être admis dans la grande culture.

D. En est-il de même des *pois ?*

R. Non ; car les pois sont moins difficiles sur le terrain, et demandent, en général, peu de travaux.

D. Parlez du sol et de la culture des pois ?

R. Les pois veulent une terre et une culture

semblables à celles exigées par les meilleures plantes farineuses.

D. La paille des pois et des haricots n'est-elle pas employée comme fourrage ?

R. Les moutons en mangent volontiers.

QUATRE-VINGT-TROISIÈME LEÇON.

Suite de la précédente. — Lentilles, Lupin blanc, Féverolles et Fèves de marais.

D. Pour quel usage cultive-t-on les *lentilles?*

R. Suivant les espèces, elles peuvent servir avec avantage de nourriture à l'homme et aux bestiaux.

D. Quelle en est la culture ?

R. Les lentilles se cultivent comme les pois.

D. Dans quel but cultive-t-on le *lupin blanc?*

R. Cette plante sobre, qui prospère dans les plus mauvais terrains, est cultivée à trois fins : pour sa graine, pour être employée en fourrage vert, et comme fournissant un excellent engrais, enfouie pendant la fleuraison.

D. La rusticité de cette plante, jointe à cette dernière circonstance, n'assigne-t-elle pas à sa culture un genre de terrain particulier ?

R. Le lupin blanc semble être par excellence la plante des côtes arides et incultes, à cause de la difficulté de les améliorer.

D. Comment se sème la *féverolle?*

R. Cette plante, avantageuse comme fourrage et comme aliment pour l'homme, se sème à la volée et en lignes.

D. Quels avantages particuliers offre cette plante?

R. Les fèverolles réussissent dans les terres humides et par les années pluvieuses, qui sont contraires à beaucoup d'autres plantes.

D. Quelle différence mettez-vous entre les fèverolles et les *fèves de marais?*

R. Le grain de la fève de marais est plus gros et mûrit plus tôt que celui des fèverolles.

QUATRE-VINGT-QUATRIÈME LEÇON.

Plantes commerciales et industrielles.

D. Quelle est la quatrième classe des plantes agricoles?

R. C'est celle des plantes industrielles et commerciales.

D. Quelles sont ces plantes?

R. Ce sont :

1° Les plantes oléagineuses ou à huile;
2° Les plantes textiles ou à filasse;
3° Les plantes tinctoriales ou à couleurs;
4° Différentes autres plantes commerciales.

D. Pourquoi appelez-vous industrielles et commerciales les plantes dont vous venez d'indiquer la classification?

R. Je les appelle commerciales, parce qu'on les cultive principalement dans le but de les vendre.

D. Et d'où leur vient la dénomination de plantes industrielles?

R. On les nomme ainsi parce qu'elles n'entrent, pour la plupart, dans le commerce qu'après avoir été transformées par différentes industries.

D. Les plantes industrielles et commerciales sont-elles nécessaires à la société au même degré que les autres plantes agricoles?

R. Quelques-unes de ces plantes, comme celles à huile et à filasse, sont de première nécessité; les autres sont d'une grande utilité.

D. La culture de ces plantes est-elle avantageuse?

R. Dans les terres qui supportent cette culture, les plantes industrielles et commerciales donnent un bénéfice net assez élevé.

D. Elles ne conviennent donc point à toutes les terres?

R. Ces plantes épuisent le sol, exigent beaucoup d'engrais, et fournissent peu de débris améliorants.

D. N'y a-t-il pas encore d'autres considérations à peser avant d'en tenter la culture sur une grande échelle?

R. Il faut examiner aussi la question du

débouché et celle des dispositions particulières exigées dans les bâtiments, pour la préparation ou la conservation de quelques-unes de ces plantes.

D. D'après la définition que vous avez donnée des plantes commerciales et industrielles, plusieurs des autres plantes agricoles ne rentrent-elles pas, à beaucoup d'égards, dans la quatrième classe?

R. Il en est peu qui ne soient cultivées en partie dans le but de la vente; un grand nombre occupent des industries, comme la betterave, dont on tire du sucre, et les pommes de terre, qui sont converties en fécule ou en eau-de-vie.

QUATRE-VINGT-CINQUIÈME LEÇON.

Plantes oléagineuses. — Colza.

D. Quelles sont les plantes oléagineuses gégéralement cultivées?

R. Les plantes à huile proprement dites sont : le colza, la navette, le pavot, la caméline, la moutarde et le madia-sativa.

D. Pourquoi ajoutez-vous ces mots : *proprement dites?*

R. Parce que la graine du chanvre et du lin, qui sont des plantes textiles, donnent aussi de l'huile.

D. Quels avantages présente la culture du

colza dans les terres assez riches pour n'en pas souffrir?

R. Le colza donne le premier produit qui puisse se vendre immédiatement; sa récolte se fait à une époque où les travaux des champs sont ordinairement peu nombreux; et l'excellente paille qu'il produit arrive souvent fort à propos.

D. Comment sème-t-on le colza?

R. Le colza se sème de trois manières: en lignes, à la volée et en pépinière pour repiquer.

D. Quelle est la meilleure de ces trois méthodes?

R. C'est l'ensemencement en lignes, au semoir.

D. Pourquoi?

R. Par cette méthode l'ouvrage se fait vite et on économise quelques kilogrammes de semence par hectare; ensuite le colza semé en lignes produit davantage, et les intervalles peuvent être travaillés avec la houe à cheval et le butteur.

D. Que pensez-vous de la transplantation?

R. C'est une bonne manière de cultiver le colza; mais elle revient fort cher.

D. Quel est le mode de transplantation le plus expéditif?

R. C'est celui qui consiste à repiquer à la suite de la charrue lorsque l'état de la terre le permet.

D. Y a-t-il plusieurs variétés de colza?

R. Il y a le colza d'hiver, le plus avantageux, et le colza de printemps, dont le produit est plus faible et de moindre qualité.

D. Quelles précautions faut-il prendre pour récolter le colza?

R. Celles qui sont exigées pour toutes les plantes sujettes à s'égrainer aisément.

QUATRE-VINGT-SIXIÈME LEÇON.

Navette, Pavot, Caméline, Moutarde, Media-Sativa.

D. Cultive-t-on plusieurs espèces de *navette?*

R. Il y a l'espèce d'hiver et celle du printemps.

D. Laquelle est préférable?

R. L'espèce printanière, comme toutes les plantes d'été, vaut moins que celle qui a passé l'hiver au champ.

D. Quelle est la culture de cette plante oléagineuse?

R. Sauf qu'elle est moins difficile sur la nature du terrain, la navette se cultive comme le colza.

D. La culture du *pavot* est-elle importante?

R. La graine de pavot ou d'œillette donne

l'huile connue dans le commerce et les ménages, sous le nom d'*huile douce.*

D. En existe-t-il plusieurs variétés?

R. On cultive deux espèces de pavot, l'une à graine grise, l'autre à graine blanche.

D. Laquelle préfère-t-on?

R. L'huile du pavot gris est plus estimée, mais les capsules de cette variété s'ouvrent à la maturité et laissent échapper la semence.

D. Qu'est-ce que la *caméline?*

R. C'est une plante de printemps peu difficile sur la qualité du sol, fournissant un bon rendement en graines oléagineuses.

D. La *moutarde* est-elle aussi cultivée comme plante à huile?

R. La graine de moutarde fournit une huile propre à l'éclairage et aux usages de la table.

D. Existe-t-il plusieurs espèces de moutarde?

R. Il y a la moutarde noire, la plus recherchée, et la moutarde blanche.

D. Qu'est-ce que le *madia-sativa?*

R. C'est une plante à graines oléagineuses, récemment importée du Chili, contrée d'Amérique.

D. Quel motif a fait abandonner la culture de cette plante, qui fournit une huile grasse bonne pour la table et l'éclairage?

R. Le madia-sativa mûrit très-inégalement, ce qui occasionne la perte d'une grande partie des graines.

D. Comment se cultivent ces dernières plantes?

R. Leur culture est à peu près la même que celle des autres plantes oléagineuses.

QUATRE-VINGT-SEPTIÈME LEÇON.

Plantes textiles. — Lin, Chanvre.

D. Quelles sont les plantes à filasse généralement cultivées?

R. Ce sont le chanvre et le lin.

D. Quel sol exige le *chanvre?*

R. Le chanvre ne réussit très-bien que dans les terres riches, meubles et labourées profondément.

D. Est-il avantageux de cultiver le chanvre en grand?

R. Non; le chanvre demande une trop grande quantité du meilleur fumier et des soins considérables qui ne permettent de le cultiver avec bénéfice que dans des circonstances exceptionnelles.

D. Connait-on plusieurs variétés de chanvre?

R. Il y a le chanvre commun et le chanvre du Piémont, dont les tiges sont plus grosses et plus longues.

D. Combien y a-t-il d'espèces de lin?

R. Il y a une espèce de lin dont les capsules éclatent au soleil, et une autre qu'il faut battre pour en obtenir la semence.

D. Quelle différence présentent-elles dans les tiges.

R. Le lin à capsules dures produit des tiges plus élevées et moins ramifiées, ce qui le fait préférer à l'autre.

D. Quel sol convient à la culture du lin?

R. Il vient dans tous les sols, pourvu qu'ils soient meubles, propres et riches en humus, excepté dans la glaise compacte et le sable brûlant.

D. En quoi consiste le *rouissage* du chanvre et du lin?

R. Le rouissage consiste dans un commencement de décomposition, qu'on obtient en exposant le lin et le chanvre à l'action de l'eau ou de la rosée, et qui permet de séparer la filasse des tiges.

D. N'y a-t-il pas danger d'opérer le rouissage dans l'eau?

R. Le chanvre et le lin, en séjournant quelque temps dans l'eau, la corrompent au point qu'il s'en échappe des gaz malsains, et que les poissons y périssent.

QUATRE-VINGT-HUITIÈME LEÇON.

Plantes tinctoriales. — Garance, Pastel, Gaude.

D. Quelles sont les plantes tinctoriales cultivées en France?

R. Ce sont la garance, le pastel et la gaude.

D. Qu'est-ce que la *garance?*

R. C'est la plante dont les racines fournissent la couleur rouge des pantalons de nos militaires.

D. Où cultive-t-on cette plante?

R. La garance n'est cultivée qu'en Alsace et dans le département de Vaucluse.

D. Pourquoi la culture de cette plante est-elle aussi bornée?

R. La culture de la garance ne présente de l'avantage que dans un sol riche, profond, de moyenne consistance, ni trop sec, ni trop humide, et demande beaucoup d'engrais et de soins.

D. Qu'est-ce que le *pastel?*

R. C'est une plante fourragère et tinctoriale : les feuilles du pastel offrent aux bestiaux une nourriture verte très-précoce, et donnent une belle couleur bleue.

D. Cette plante est-elle cultivée en France?

R. Le pastel, de même que la gaude, se

cultive peu, parce que les couleurs qu'on en obtient nous arrivent à bas prix de l'étranger.

D. Qu'est-ce que la *gaude?*

R. La gaude produit une couleur jaune de bonne qualité.

D. Cette plante est-elle rare?

R. La gaude ou herbe à jaunir, croît sans culture dans beaucoup de contrées.

D. Comment se cultivent ces deux dernières plantes?

R. La manière de cultiver le pastel et la gaude diffère peu de celle des autres plantes à cultures sarclées.

QUATRE-VINGT-NEUVIÈME LEÇON.

Vigne, Houblon, Tabac, Mûrier, Chicorée, Cardère, etc.

D. Quelles sont les autres plantes commerciales?

R. Il y en a un grand nombre dont une partie seulement peut être mentionnée ici.

D. Nommez les principales?

R. Ce sont la vigne, le houblon, le tabac, le mûrier, la chicorée, la cardère et quelques autres.

D. Pourquoi vous bornez-vous à une simple mention pour ces plantes?

R. Parce que les unes, comme la vigne,

sont trop importantes pour ne pas former une branche particulière ou pour ne pas mériter un traité complet, et que les autres sont plutôt du domaine de l'horticulture que de l'agriculture.

D. Dites un mot de chacune de ces plantes?

R. La *vigne* produit un fruit bon à manger et dont le jus forme la boisson appelée *vin*, et le véritable *vinaigre;* le *houblon* sert à la fabrication de la *bière*; la racine de la *chicorée* fournit une espèce de poudre de café aussi appelée *chicorée*.

D. Qu'avez-vous à dire des autres plantes commerciales ou industrielles nommées tout à l'heure?

R. La feuille du *mûrier* sert à nourrir les *vers-à-soie;* la *cardère* ou *chardon à foulon* s'emploie dans les fabriques de *draps* et de bonneterie; on connait l'usage, pour ne pas dire l'abus, qu'on fait du *tabac*.

D. Qu'y a-t-il de particulier à remarquer au sujet de cette dernière plante?

R. La culture du tabac n'est permise en France qu'avec l'autorisation du gouvernement et à des conditions déterminées par les lois.

D. Y a-t-il encore d'autres plantes commerciales ou industrielles?

R. Les plus communes sont: le carvi ou cumin des prés, la pimprenelle, le fenouil, l'anis, la coriandre. Les produits de ces plantes sont vendus aux droguistes et aux pharmaciens principalement.

QUATRE-VINGT-DIXIÈME LEÇON.

Arbres fruitiers.

D. Les arbres fruitiers peuvent-ils être rangés parmi les plantes agricoles industrielles ou commerciales?

R. Les produits de certains arbres fruitiers méritent ce double titre à un degré supérieur.

D. Comment cela?

R. Parce que ces arbres sont d'une culture assez facile pour pouvoir être admis avec succès en agriculture, et que leurs produits sont recherchés dans le commerce et par l'industrie.

D. Quels sont les plus communs de ces arbres?

R. Ce sont, pour les départements de l'Est, le cerisier, le prunier, le poirier, le pommier et le noyer.

D. Quelle est la manière la plus profitable de cultiver ces arbres?

R. C'est de les planter au bord des chemins et sur les pentes trop rapides pour supporter une autre culture.

D. Les récoltes des arbres fruitiers pourraient-elles offrir de l'importance?

R. Il est des communes de quatre à cinq

cents habitans, dans le département de la Moselle, où l'on vend annuellement pour douze à quinze mille francs de cerises.

D. Quel emploi fait-on du produit des arbres que vous avez nommés?

R. Outre l'emploi connu qui est le plus ordinaire, les prunes peuvent servir à la nourriture des porcs; les pommes et les poires fraîches sont employées, en Allemagne, comme fourrage vert.

D. Ne mange-t-on pas aussi des pommes et des poires en guise de légumes?

R. En Alsace et dans toute l'Allemagne, on en mange des quartiers séchés cuits au lard.

QUATRE-VINGT-ONZIÈME LEÇON.

Considérations sur le commerce des denrées agricoles.

D. Comment l'agriculteur doit-il se comporter à l'égard des personnes qui achètent les produits de son exploitation?

R. La conduite de l'agriculteur doit être celle d'un homme probe et loyal.

D. Qu'exige la loyauté qu'il doit apporter dans la vente de ces produits?

R. La loyauté exige non-seulement qu'il ne falsifie en aucune façon les produits destinés à la vente et qu'il ne cherche point à tromper autrement, mais aussi qu'il ait la délicatesse de ne pas profiter de l'ignorance ou de l'erreur de l'acheteur.

D. Expliquez votre pensée?

R. Un agriculteur loyal loin, par exemple, d'humecter des denrées vendues, afin d'en augmenter le poids ou le volume, ne laissera point ignorer la véritable qualité des produits qu'il met en vente.

D. Vous pensez donc qu'il ne vendrait pas du colza d'été pour du colza d'hiver, par exemple, ou de la navette pour du colza?

R. Le faire serait, à mon avis, manquer à la probité, quand même il profiterait simplement de l'ignorance ou de l'erreur de l'acheteur.

D. Que pensez-vous du *javelage* de l'avoine, c'est-à-dire de l'usage de la laisser en javelles, exposée à l'humidité des nuits et à la pluie?

R. Les cultivateurs qui laissent javeler l'avoine dans l'intention de faire gonfler le grain et de le vendre à la mesure, commettent une action déloyale.

D. L'usage du javelage est pourtant assez général?

R. J'en conviens et j'aime à penser qu'il n'a pas été introduit ni conservé, dans le but coupable que je suppose, mais il devra disparaître devant la réflexion. En attendant, les consommateurs feront bien d'acheter au poids.

D. Appliquez-vous aussi au commerce des bestiaux ce que vous venez de dire spécialement pour les plantes agricoles destinées à la vente?

R. Certainement, et avec d'autant plus de raison que le préjudice, pour l'acheteur, et le bénéfice illicite, pour le vendeur, seraient plus considérables.

D. Vous condamnez donc comme fort peu innocentes les manœuvres ou ruses à l'aide desquelles on trompe les acheteurs?

R. Ce sont, à mes yeux, de véritables friponneries.

CINQUIÈME PARTIE.

LES ANIMAUX DOMESTIQUES AU POINT DE VUE AGRICOLE.

QUATRE-VINGT-DOUZIÈME LEÇON.

Animaux domestiques en général.

D. L'agriculture étant l'art de cultiver les champs, comment y rattachez-vous les animaux domestiques?

R. La production des animaux domestiques est la continuation, l'achèvement de la culture des plantes fourragères.

D. Comment cela?

R. Par la culture des plantes fourragères, l'agriculteur se prépare le moyen de produire des animaux, comme il se propose la production des céréales, en se procurant des engrais.

D. D'après votre réponse on pourrait croire que les engrais, les plantes et les animaux se produisent les uns les autres?

R. Rien de plus exact : les engrais produisent des plantes, celles-ci nourrissent les animaux qui fournissent les engrais ; ce sont toujours les mêmes éléments dans trois états différents.

D. Cette réponse est-elle fondée sur la science?

R. Les savants nous apprennent que les engrais, les plantes et les animaux sont composés de substances semblables * dans des proportions et sous des formes qui varient.

D. Quelle différence existe-il alors entre eux?

R. Il y a d'abord, entre les engrais et les plantes, la différence qui existe entre les matériaux propres à construire une maison et une maison bâtie.

D. Et en quoi les plantes diffèrent-elles des animaux?

R. N'ayant pas d'estomac propre, mais la terre leur en tenant lieu, les plantes ne peuvent vivre séparées du sol, tandis que l'animal porte en lui l'appareil digestif, ce qui le rend indépendant de la terre : l'animal est, en outre, doué de la sensibilité qui manque aux plantes!...

* D'azote, de carbone, d'oxigène, d'hydrogène et de substances minérales.

D. Qu'est-ce qui vous frappe dans l'étude de ces questions?

R. C'est l'admirable intelligence qui, à l'aide d'un petit nombre d'éléments fort simples, a su produire cette ravissante variété de plantes et d'animaux.

QUATRE-VINGT-TREIZIÈME LEÇON.

Suite de la précédente.

D. Quels soins exige l'éducation des animaux domestiques?

R. Ces animaux n'étant autre chose que *des plantes agricoles plus parfaites*, les principes généraux de la culture des végétaux doivent s'appliquer à l'éducation des animaux domestiques.

D. Justifiez cette réponse par des exemples?

R. La prospérité des plantes dépend principalement: 1° des qualités de l'espèce; 2° de la nourriture qu'elles reçoivent; 3° de l'espace et de la propreté qui règnent autour d'elles; 4° du climat et des autres circonstances atmosphériques; il en est de même des animaux domestiques.

D. Comment appliquerez-vous ces principes dans la pratique?

R. Ainsi qu'il convient de le faire pour les plantes, j'étudierai la nature et les besoins des animaux que j'élèverai ou emploierai, afin de les placer dans les meilleures conditions, selon leur destination.

D. Que voulez-vous dire par ces mots : *selon leur destination?*

R. Je veux dire que le cheval fin destiné à la monture ne doit pas être traité, sous tous les rapports, comme le gros cheval de trait; que la vache laitière ne doit pas être soumise au même régime que le bœuf de labour ou à l'engrais.....

D. Quels sont les animaux domestiques dont s'occupe spécialement l'agriculture?

R. Ce sont les chevaux, les bœufs, les moutons et les porcs.

D. Quelle est l'utilité des animaux domestiques en agriculture?

R. Ils sont avantageux sous le triple rapport :

1° De la force de quelques-uns, qui sont employés comme agents de travail;

2° Des produits que donnent les autres;

3° Et de l'engrais que tous fournissent.

D. Comment désigne-t-on les différents animaux domestiques, quand on parle d'une *espèce* entière?

R. Dans ce cas, les chevaux sont *l'espèce chevaline*, les bœufs *l'espèce bovine*, les moutons *l'espèce ovine*, et les porcs *l'espèce porcine*.

D. Qu'est-ce qu'une *race* d'animaux?

R. La race comprend toutes les bêtes d'une espèce se distinguant des autres animaux de la même espèce par des caractères communs : nous avons, par exemple, des chevaux de la *race percheronne*, et des vaches de la *race suisse*.

D. A quoi faut-il attribuer la formation des différentes races?

R. A la différence des climats, à celle des sols qui produisent la nourriture et modifient les eaux; à la différence des soins dont les individus ont été l'objet, et des travaux auxquels on les a soumis.....

QUATRE-VINGT-QUATORZIÈME LEÇON.

Amélioration des races.

D. Quelles sont, en général, les meilleures races d'animaux domestiques?

R. Ce sont celles qui répondent le mieux à l'attente de l'éleveur.

D. Comment entendez-vous cela?

R. Lorsqu'on se propose de former des chevaux de cavalerie ou des vaches laitières, par exemple, les meilleures races de ces deux espèces d'animaux domestiques sont celles qui produisent ordinairement les sujets les plus estimés, dans des circonstances semblables à celles où l'on se trouve placé.

D. Vous n'êtes donc point partisan du système qui tendrait à généraliser certaines races fort vantées?

R. Ce qu'on dit des races de chevaux anglais, des vaches de Durham et des moutons de Dishley, peut être très-vrai dans certaines conditions; mais je crois que les qualités qui font la réputation de ces races, ne se soutiendraient point en tous lieux, et que ce serait une erreur de penser qu'on peut introduire partout des races avantageuses dans certaines localités.

D. Que faut-il considérer avant de se décider pour une race d'animaux?

R. Il faut examiner attentivement les conditions dans lesquelles les animaux d'une race prospèrent habituellement, et celles où ils se trouveraient chez nous; conditions de climats, de nourriture, d'eaux, de soins et de dépenses : une seule de ces considérations oubliées, vous risquez de trouver de la perte au bout d'une entreprise qui devait procurer des bénéfices.

D. Quel est le moyen le plus sûr d'apprécier ces circonstances avec justesse?

R. Ce moyen consiste à se rendre compte de l'influence que ces circonstances ont exercée sur l'espèce pour amener la race locale.

D. Comment des races locales peuvent-elles vous apprendre ce que deviendraient d'autres races dans les mêmes lieux?

R. Si les animaux d'une localité sont petits et chétifs, il est probable que des races fortement membrées et de grande taille y dégénéreraient rapidement.

QUATRE-VINGT-QUINZIÈME LEÇON.

Suite de la précédente.

D. Ne peut-on changer les circonstances dont l'influence a produit les races locales en provoquant la dégénérescence de l'espèce, et qui seraient à craindre pour les races étrangères?

R. Il est des choses, comme la nourriture, que nous pouvons rendre meilleures; mais le climat et la nature des eaux échappent à nos efforts.

D. Quelle est donc, à votre avis, la marche à suivre dans l'amélioration des races?

R. C'est de ramener à un état meilleur les races locales, en choisissant toujours les plus beaux sujets pour servir à la reproduction, et en améliorant, autant que possible, les conditions désavantageuses.

D. Par où doit commencer toute amélioration des races d'animaux domestiques?

R. Par l'amélioration de la nourriture et des soins: ayez d'abord des plantes nourrissantes si vous voulez former des bêtes vigoureuse; des plantes grasses, si vous voulez engraisser avec profit; de l'avoine généreuse, si vous visez à la vivacité dans vos élèves... et puis donnez des soins intelligents à vos animaux.

D. La régénération des races ne peut-elle être hâtée par l'introduction des races améliorées?

R. Dans certaines conditions et lorsque la culture des plantes a été améliorée d'abord, particulièrement celle des plantes fourragères, cette introduction appelée *croisements*, offre de grands avantages.

D. Quelles sont les conditions favorables à l'introduction, dans une localité, de races étrangères?

R. Ce sont celles qui ont été indiquées (page 44) pour la régénération des plantes : il faut donner la préférence aux races provenant d'un climat pareil au nôtre, et d'un sol moins riche naturellement.

D. Quelles sont les autres considérations qui doivent déterminer notre choix?

R. C'est le but que nous nous proposons dans l'éducation des animaux domestiques et dans les croisements.

D. Comment entendez-vous ce double but?

R. Je veux dire que l'éleveur de chevaux de selle devra préférer une race ayant les qualités de ces chevaux, tandis que l'agriculteur s'attachera, pour son usage, aux qualités du cheval de trait; l'engraisseur et le laitier feront aussi chacun un choix différent; tous rechercheront dans les races à introduire les qualités qui manquent aux races locales.

QUATRE-VINGT-SEIZIÈME LEÇON.

Espèce chevaline.

D. L'espèce chevaline se divise-t-elle en plusieurs races?

R. Les races de chevaux sont très-nombreuses.

D. Les races du département de la Moselle sont-elles bonnes?

R. Il y a quelques races dont la régénération serait avantageuse; les autres sont tellement abâtardies qu'il vaut mieux les remplacer, en suivant les règles qui ont été tracées dans les leçons précédentes.

D. Quel doit être le but de l'agriculteur en élevant des chevaux?

R. Dans les cas ordinaires, l'éducation des chevaux doit se borner, en agriculture, à ceux dont on a besoin pour le service du train de culture.

D. Pourquoi cela?

R. Parce que les chevaux élevés pour la vente reviennent ordinairement plus cher qu'on ne les vend.

D. Vous ne trouvez donc pas qu'il est honteux

pour la France d'être obligée d'acheter ses chevaux de cavalerie à l'étranger?

R. C'est fâcheux; mais l'agriculteur lutterait à ses frais contre un état de choses inévitable, tant que l'agriculture n'aura pas atteint un certain degré de perfection, et que le gouvernement n'élèvera pas le prix des chevaux de remonte.

D. N'y a-t-il pas avantage pour l'agriculteur lui-même d'acheter ses chevaux de trait?

R. Cela peut-être dans des circonstances particulières; mais l'agriculteur doit, autant que possible, élever les chevaux nécessaires à son exploitation.

D. Le cheval est-il l'animal de trait le plus avantageux en agriculture?

R. Non; le bœuf présente plusieurs avantages sur le cheval, au point de vue du profit.

QUATRE-VINGT-DIX-SEPTIÈME LEÇON.

Avantages du bœuf sur le cheval.

D. En quoi consiste l'avantage d'employer en agriculture les bœufs préférablement aux chevaux?

R. Le bœuf fait presque autant d'ouvrage que le cheval; sa nourriture coûte moins, le bœuf se contentant d'une nourriture plus ordinaire; il demande moins de soins, étant peu difficile de son naturel et moins sujet aux maladies que le cheval.

D. Quels sont les autres avantages du bœuf sur le cheval?

R. La dépense d'achat, de harnachement et d'entretien est moindre pour le bœuf; lorsqu'un accident le met hors de service, il conserve ordinairement sa valeur comme bête d'engrais, tandis que le cheval, en pareil cas, n'en a plus aucune.

D. N'est-il pas encore un avantage plus décisif que tous ceux que vous venez d'énumérer?

R. Le bœuf jouit du rare privilège de ne pas diminuer de valeur en vieillissant, contrairement à ce qui a lieu pour les chevaux.

D. Comment cela?

R. Un agronome répond par l'exemple suivant :

« En supposant que les bœufs font un tiers de moins d'ouvrage que les chevaux, trois bœufs en feront autant que deux chevaux; or, trois bœufs de quatre ans coûteront 900 fr., et deux chevaux du même âge 1200 fr. Supposant encore que l'entretien et la nourriture des trois bœufs coûteront autant que l'entretien des deux chevaux, dont cependant toutes les dépenses sont beaucoup plus fortes, quand ils seront tous arrivés à l'âge de douze ans, ils auront rendu les uns et les autres les mêmes services, et cependant les bœufs auront encore leur même valeur à peu près, tandis que les chevaux vaudront à peine 400 fr., c'est-à-dire qu'ils auront perdu 800 fr. en capital et 200 fr. au moins en intérêt de l'excédant du capital d'achat sur celui des bœufs. Ainsi, le travail fait par les deux chevaux aura coûté 1000 fr. de plus que le même travail fait par les trois bœufs. » (TRAVANET.)

D. Pourquoi, malgré l'avantage qu'il y a d'employer les bœufs, les chevaux sont-ils généralement préférés?

R. Le même auteur répond encore : « Cela tient beaucoup plus au sot amour-propre des maîtres et des valets qu'à toute autre cause; les maîtres sont jaloux d'avoir de beaux équipages, c'est le luxe de l'agriculture; et par suite les domestiques rougissent bêtement de conduire des bœufs. »

D. N'y a-t-il pas des circonstances où l'emploi des chevaux est préférable?

R. Il vaut mieux employer les chevaux pour les charrois à de grandes distances, et dans les terrains très-pierreux.

D. Voyez-vous un moyen de profiter de tous les avantages à la fois, lorsque l'état des chemins et du sol ne s'oppose point à l'emploi des bœufs?

R. Rien de plus facile; on a des chevaux pour les charriages lointains, et des bœufs pour le service ordinaire de l'exploitation.

D. La nature du fumier n'est-elle pas aussi un motif de préférence en faveur des bœufs, pour certains terrains?

R. Le fumier frais convient mieux aux sols siliceux, et, pour cette raison encore, les bœufs y ont droit à la préférence sur les chevaux.

D. L'agriculteur qui, préférant un bénéfice certain à une chance de perte, élève des bœufs, est-il réellement moins utile au pays que celui qui fournit des chevaux à l'armée?

R. Je ne le pense pas; si la France a besoin de chevaux et en manque, elle a encore plus besoin de bêtes de boucherie et en manque également.

QUATRE-VINGT-DIX-HUITIÈME LEÇON.

Espèce bovine. — Vache laitière, Bœufs de trait et d'engrais, Veau.

D. Quelles sont les meilleures races de l'espèce bovine?

R. Ce sont celles qui vont le plus droit au but qu'on se propose : dans les bœufs de trait, on recherche la force, c'est-à-dire la taille et de gros membres, qui en sont ordinairement les signes; pour les bœufs d'engrais et les vaches laitières, on préfère une tête petite et des os minces.

D. A quels indices reconnait-on les qualités laitières d'une vache?

R. D'après le système d'un agriculteur de Libourne, nommé Guénon, ces indices se trouvent d'une manière certaine dans la nature et la forme d'une espèce d'écusson qui se remarque sur la face postérieure du pis et autour.

D. Quels sont les caractères de l'écusson d'une bonne vache laitière?

R. En général, plus cet écusson a d'étendue, plus le poil en est rare et fin, la peau grasse, plus aussi la vache réunit de qualités laitières.

D. Est-il avantageux d'entretenir un grand nombre de vaches laitières?

R. A proximité d'une grande ville, la vente du lait peut offrir des bénéfices; dans les conditions ordinaires, l'agriculteur entretiendra des vaches laitières pour les besoins du ménage seulement.

D. Quelle est la meilleure manière d'atteler les bœufs?

R. C'est de les atteler au collier; après le collier on préfère le joug individuel; on ne doit employer le joug double que pour dresser des bœufs indomptables autrement.

D. N'y a-t-il pas des races plus propres à l'engraissement que d'autres?

R. Il y a des races dont presque tous les

sujets possèdent cette propriété à un degré très-prononcé.

D. Quel est le meilleur âge des bêtes bovines pour les engraisser?

R. Cela dépend des races et des individus; il y en a qui engraissent très-jeunes, d'autres plus tard; en général, le meilleur âge est celui où cesse la croissance.

D. Quels soins faut-il donner aux vêles ou jeunes veaux qu'on élève?

R. Les qualités d'un animal dépendant en grande partie des soins dont il a été l'objet dans sa jeunesse, les vêles doivent recevoir une nourriture abondante et substantielle; ce qui exige souvent le lait de deux vaches durant l'allaitement, et toujours au sevrage, du foin de première qualité avec une boisson nourrissante.

D. Pensez-vous qu'il y a profit à élever des vêles?

R. Quand on trouve à acheter à des prix modérés et dans de bonnes conditions les bêtes nécessaires à son exploitation, il vaut mieux généralement en élever le moins possible.

QUATRE-VINGT-DIX-NEUVIÈME LEÇON.

Espèces ovine et porcine.

D. L'éducation des moutons et des porcs est-elle soumise à des règles particulières?

R. Non ; tout ce qui a été dit au sujet des autres espèces d'animaux domestiques, touchant les races locales, l'introduction des races étrangères ou les croisements, la nourriture et les soins, s'applique à l'espèce ovine comme aux porcs.

D. Les moutons n'offrent-ils pas une preuve sensible de l'influence des circonstances locales sur les animaux?

R. La laine des moutons éprouve des changements notables, selon le climat et le sol qui agissent sur sa production ; sous l'influence de circonstances contraires, la laine des mérinos d'Espagne perd sa finesse, lors même qu'une nourriture abondante augmente la taille et le poids des animaux.

D. L'éducation des moutons est-elle avantageuse?

R. Règle générale, elle ne paraît avantageuse que lorsqu'on dispose de vastes pâturages dont l'herbe convient aux moutons et qui ne peuvent être cultivés avec plus de profit.

D. Quelles sont les meilleures races de porcs?

R. Cela dépend du but que se propose l'éleveur ; s'il élève des porcs pour les vendre jeunes ou grands, mais maigres, il s'arrêtera aux races qui présentent le plus d'avantages dans ces cas.

D. Y a-t-il plus de profit à élever des porcs pour les vendre maigres ou à les engraisser?

R. La réponse à cette question est subordonnée à une foule de circonstances locales, et ne peut être donnée d'une manière générale.

CENTIÈME LEÇON.

Maladies des animaux domestiques.

D. Les animaux domestiques sont-ils sujets à beaucoup de maladies?

R. Les maladies de ces animaux sont nombreuses et presque toujours difficiles à guérir, quand elles ne sont pas incurables.

D. Quelles sont les causes générales des maladies qui affectent les animaux domestiques?

R. Les maladies des animaux privés ou domestiques proviennent principalement : 1° de l'insuffisance de la nourriture; 2° de la mauvaise qualité des aliments et de l'eau; 3° des écuries malsaines ou trop étroites; 4° du défaut de soins convenables; 5° d'un travail excessif; 6° et des mauvais traitements.

D. Quels moyens a-t-on de s'éclairer sur ces différents points?

R. L'observation, l'expérience et les livres qui traitent de l'hygiène ou moyen de conserver la santé des animaux domestiques.

D. Que faut-il faire quand, malgré toutes les précautions ou faute de les avoir prises, un animal d'une certaine valeur tombe malade?

R. Il faut avoir recours à un vétérinaire, et bien se garder de remettre le sort de l'animal entre les mains d'un *empirique* ou d'un *charlatan*.

D. Qu'entendez-vous par empirique et charlatan?

R. On nomme ainsi ces faux guérisseurs sans connaissances spéciales qui emploient ordinairement le même remède contre toutes les maladies, ou prétendent les guérir par des paroles ou autres moyens ridicules.

D. Les animaux domestiques ne sont-ils pas sujets à quelques maladies que l'agriculteur doit savoir guérir lui-même?

R. Il en est qui offrent si peu de gravité ou sont si faciles à guérir que le remède peut être appliqué par l'agriculteur lui-même; d'autres, comme la météorisation, ne souffrent aucun retard dans l'emploi de moyens énergiques, et chacun doit être à même de les employer avec succès.

D. Faites connaître les moyens de combattre la météorisation?

R. Lorsqu'on s'aperçoit qu'une bête enfle, on lui fait avaler trente grammes de salpêtre en poudre, ou quinze grammes de pétrole; délayés dans un verre ordinaire d'eau-de-vie, ou bien une cuillerée d'eau de javelle ou d'ammoniaque dans un litre d'eau,....

D. Que faut-il faire si l'enflure continue malgré ces remèdes?

R. Il faut recourir à la ponction de la panse, opération qui consiste à enfoncer un couteau ou mieux un *trocart* dans le creux qui se trouve entre la hanche et les côtes du côté gauche. Les gaz accumulés dans la panse de l'animal, s'en échappent par cette ouverture, et le mal se trouve réduit à une plaie qui guérit assez facilement.

D. Qu'est-ce qu'un trocart?

R. C'est un instrument à lame triangulaire, pointu à l'une de ses extrémités et renfermé dans une gaine qui en laisse passer la pointe de quelques centimètres. Cette gaine reste dans la plaie et facilite la sortie des gaz, en leur servant comme de cheminée.

D. Quelles sont les autres maladies d'une guérison facile, et quels remèdes emploie-t-on pour les guérir?

R. Ces maladies et les remèdes qu'on leur oppose sont assez généralement connus pour qu'il soit inutile de les mentionner ici.

FIN

TABLE DES MATIÈRES.

Notions préliminaires.

Ire Partie. — *Connaissance du sol.*

IIe Partie. — *Moyens de fertiliser la terre.*

IIIe Partie. — *Plantes agricoles en général.*

IVe Partie. — *Culture spéciale des plantes agricoles.*

Ve PARTIE. — *Les animaux domestiques au point de vue agricole.*

FIN DE LA TABLE.

ON TROUVE AUX MÊMES LIBRAIRIES :

Nouveaux Éléments de Grammaire française [illegible] par l'Université, revus, corrigés et augmentés [illegible] questionnaires et de modèles d'analyse [illegible], par M. TABATTE, Directeur de l'École [illegible], membre de plusieurs Comités [illegible]; 1 vol. in-12, cartonné.

[illegible] **Exercices** [illegible] dans la grammaire [illegible], corrigés et augmentés par M. TABATTE; 1 vol. in-12, broché.

Dictées grammaticales, ou complément des Exercices [illegible] la grammaire, par M. TABATTE [illegible] de Metz; 1 vol. in-12 [illegible] 160 pages.

Arithmétique des Écoles, par M. TABATTE, avec [illegible]; 1 vol. in-12, cartonné.

Solutions de l'Arithmétique.

Premiers éléments de Littérature française, par M. TABATTE; 1 vol. in-12, cartonné.

Les Œufs de Pâques, par le chanoine Schmid, allemand et français en regard, le premier chapitre avec traduction interlinéaire, et un vocabulaire allemand et français à la fin du volume, à l'usage des écoles françaises et allemandes, par AUG. MALL, 2e édition; 1 vol. in-12, cartonné.

Ouvrage approuvé par le Conseil de l'Instruction publique et par la Société pour l'encouragement de l'Instruction élémentaire.

La Religion en action, ou la Religion catholique considérée dans un grand nombre d'exemples puisés à des sources respectables et groupés selon l'ordre des chapitres du catéchisme, par feu CH. CONTY, sous-inspecteur des écoles; 1 vol. in-12, cartonné.

Approuvé par Mgr. l'Évêque de Metz.

Abrégé de l'Histoire sainte, mis en exercices grammaticaux, servant d'application aux règles de la grammaire [illegible], par CH. CONTY, sous-inspecteur des [illegible] du département de la Moselle; 1 vol. in-18.

Approuvé par Mgr. l'Évêque de Metz.

www.ingramcontent.com/pod-product-compliance
Ingram Content Group UK Ltd.
Pitfield, Milton Keynes, MK11 3LW, UK
UKHW031910260826
14628UKWH00003B/1096

9 782329 313832